ÜBER POLYACRYLSÄURE

INAUGURAL-DISSERTATION

ZUR

ERLANGUNG DER DOKTORWÜRDE

EINER

HOHEN NATURWISSENSCHAFTLICH-MATHEMATISCHEN FAKULTÄT

DER

ALBERT-LUDWIGS-UNIVERSITÄT

ZU FREIBURG I. BR.

VORGELEGT VON

ERNST TROMMSDORFF

AUS BERLIN-CHARLOTTENBURG

1932

SONDERABDRUCK AUS H. STAUDINGER:
DIE HOCHMOLEKULAREN ORGANISCHEN VERBINDUNGEN,
KAUTSCHUK UND CELLULOSE
Springer-Verlag Berlin Heidelberg GmbH 1932.

Dekan: Prof. Dr. H. Schneiderhöhn
Referent: Prof. Dr. H. Staudinger

ISBN 978-3-662-28059-1   ISBN 978-3-662-29567-0 (eBook)
DOI 10.1007/978-3-662-29567-0

MEINEN ELTERN

Die vorliegende Arbeit wurde im Chemischen Laboratorium der Albert-Ludwigs-Universität zu Freiburg i. Br. ausgeführt und am Ende des Wintersemesters 1930/31 abgeschlossen. Termin der mündlichen Prüfung: 5. Juni 1931.

Meinem hochverehrten Lehrer, Herrn Professor Dr. H. Staudinger, auf dessen Anregung hin diese Arbeit unternommen wurde, möchte ich an dieser Stelle für die zahlreichen wertvollen Ratschläge und seine freundliche Unterstützung meinen besonderen Dank sagen.

D. Die Polyacrylsäure, ein Modell des Eiweißes [1, 2].

Bearbeitet von E. TROMMSDORFF[3].

I. Einleitung.
1. Homöopolare, koordinative und heteropolare Molekülkolloide.

Die hochmolekularen Naturstoffe und die zu ihrer Konstitutionsaufklärung untersuchten Modelle sind nach ihrem Bau in drei Gruppen einzuteilen[4]. Die erste Gruppe der *homöopolaren Molekülkolloide* umfaßt die hochmolekularen Kohlenwasserstoffe wie Polystyrole und Polyprene, also Kautschuk, Guttapercha und Balata. Besitzen die Makromoleküle Gruppen mit Dipolcharakter, welche koordinative Bindungen eingehen, so haben wir Vertreter der *koordinativen Molekülkolloide* vor uns, zu denen Polyvinylalkohol, die Polysaccharide und unter gewissen Bedingungen die Polyacrylsäure, nämlich im undissoziierten Zustand, ferner das Eiweiß im unionisierten Zustand zählen. In der Gruppe der *heteropolaren Molekülkolloide* finden sich schließlich die Polyacrylsäure im ionisierten Zustand, die polyacrylsauren Salze, Kautschukphosphoniumsalze und das ionisierte Eiweiß.

Schon aus dieser kurzen Zusammenstellung erkennt man die Sonderstellung, die das Eiweiß und die Polyacrylsäure gemeinsam einnehmen. Je nachdem sich diese Körper im undissoziierten oder ionisierten Zustand befinden, sind sie Vertreter der koordinativen oder heteropolaren Molekülkolloide.

Am eingehendsten sind bisher die homöopolaren Molekülkolloide, vor allem das Polystyrol untersucht worden. In den Lösungen dieser Stoffe liegen die einfachsten und übersichtlichsten Verhältnisse vor, da vor allem in verdünnten Lösungen die Moleküle keine Kräfte aufeinander ausüben. Die koordinativen Molekülkolloide weisen in ihrem Bau durch die koordinativen Bindungsmöglichkeiten von einem Molekülfaden zum nächsten und zum Lösungsmittel eine erhebliche Kompliziertheit auf. Die Teilchen der heteropolaren Molekülkolloide sind durch die Dissoziationsfähigkeit und Schwarmbildung im Sinne der neuen Theorie der starken Elektrolyte verwickelt gebaut. Besonders schwer sind daher die Eiweißkörper zu überblicken, die gleichzeitig beiden Gruppen angehören. Nimmt man noch hinzu, daß die Eiweißkörper amphotere Elektrolyte sind, eine Ionisation also sowohl auf der sauren wie auf der basischen Seite des isoelektrischen Punktes eintritt, so wird es verständlich, weshalb in der Eiweißliteratur trotz der zahlreichen Einzelbeobachtungen eine einheitliche Deutung des Baues der Kolloidteilchen so ungeheuer erschwert ist. Für wenige hochmolekulare Naturkörper erschien deshalb die Arbeit am übersichtlichen Modellstoff so notwendig wie für die Eiweißkörper. Deshalb wurden Studien an der Polyacrylsäure und ihren Salzen als dem denkbar einfachsten Modell dieser Art aufgenommen.

---

[1] 66. Mitteilung über hochpolymere Verbindungen.
[2] Frühere Mitteilungen über Polyacrylsäure: STAUDINGER, H., u. E. URECH: Helv. chim. Acta **12**, 1107 (1929). — STAUDINGER, H., u. H. W. KOHLSCHÜTTER: Ber. Dtsch. Chem. Ges. **64**, 2091 (1931).
[3] TROMMSDORFF, E.: Inaug.-Diss. Freiburg i. Br. (1931).
[4] STAUDINGER, H.: Kolloid-Ztschr. **53**, 26 (1930). Vgl. S. 19.

Als Grundlage für diese Modellversuche hat URECH[1] den Nachweis geführt, daß die Bindung der Acrylsäuremoleküle zur polymeren Säure durch normale Kovalenzen erfolgt. Dann hat H. W. KOHLSCHÜTTER[2] an der Polyacrylsäure sehr merkwürdige Viscositätseffekte beobachtet, z. B. einen enormen Viscositätsanstieg bei Zusatz geringer Mengen Natronlauge und einen starken Abfall der Viscosität bei Zusatz von mehr Natronlauge. Diese Beobachtungen erinnern lebhaft an die bekannte Abhängigkeit der Viscosität vom p_H beim Eiweiß. Es erschien also von großem Interesse, diese Beobachtungen auszudehnen und messend zu verfolgen, da man hoffen durfte, daraus Rückschlüsse auf den Bau der Eiweißkörper ziehen zu können.

Allerdings muß man sich stets vor Augen halten, daß die Polyacrylsäure nur für einen Teil der Eigenschaften, nämlich den sauren Charakter, der Eiweißkörper ein Modell sein kann. Aber gerade darin liegt bei der Kompliziertheit der Erscheinungen ein Vorteil, denn man muß zuerst die Eigenschaften eines ausgesprochen heteropolaren Molekülkolloids kennen, bevor man die eines amphoteren beurteilen kann.

2. Der Zustand der Molekülkolloide in Lösung.

Die Kolloidteilchen in den Lösungen hochmolekularer Stoffe glaubte man früher als Micellen ansprechen zu müssen. Diese Auffassung wurde zuerst bei den homöopolaren Molekülkolloiden widerlegt, da sich zeigen ließ, daß sowohl die chemischen wie auch die Viscositätsuntersuchungen eindeutig darauf hinweisen, daß die Kolloidteilchen in diesen Lösungen mit den Makromolekülen identisch sind. Die η_{sp}/c-Werte dieser Lösungen sind nahezu unabhängig von der Temperatur und der Konzentration, solange niederviscose Lösungen verglichen werden. Deshalb stellen die η_{sp}/c-Werte verschiedener Stoffe Größen dar, welche nur von der Länge der Moleküle abhängig sind.

Nicht so einfach liegen die Verhältnisse bei den Eiweißkörpern. Früher glaubte man ihre Eigenschaften durch die Annahme erklären zu können, daß ihre Kolloidteilchen solvatisierte Micellen darstellen. Denn es waren scheinbar eine Reihe Analogien vorhanden. In ähnlicher Weise, wie beispielsweise die Beständigkeit der Seifenmicelle vom p_H abhängig ist, beobachtet man auch die auffallende Viscositätsabhängigkeit der Eiweißkörper vom p_H. Trifft diese Auffassung über einen ähnlichen Bau der Seifen- und Eiweißmicelle zu, so würde hier im Gegensatz zu Lösungen von Kautschuk und Cellulose ein einfacher Zusammenhang zwischen Viscosität und Molekülgröße nicht zu erwarten sein, da die η_{sp}/c-Werte mit dem p_H sich ändern.

Es ist bisher nicht möglich, die Frage nach dem Bau der Eiweißkolloidteilchen in Lösungen zu beantworten. Welchen Dienst kann nun das Modell der Polyacrylsäure und ihrer Salze zur Beantwortung dieser Frage leisten?

Auf den ersten Blick scheinen auch hier die Verhältnisse so kompliziert zu sein, daß ein Zusammenhang zwischen Viscosität und Molekulargewicht nicht zu erkennen ist. Eine geringe Änderung des p_H genügt schon, um die Viscosität der Polyacrylsäure um ein Vielfaches zu ändern, ebensolche Wirkungen haben Neutralsalze. Dazu kommt, daß die Viscosität sehr weitgehend von der Fließ-

---

[1] STAUDINGER, H., u. E. URECH: Helv. chim. Acta **12**, 1107 (1929). — URECH, E.: These. E.P.F. Zürich 1927.

[2] STAUDINGER, H., u. H. W. KOHLSCHÜTTER: Ber. Dtsch. Chem. Ges. **64**, 2091 (1931).

geschwindigkeit abhängig, also keine konstante Größe ist. Gerade im sehr verdünnten Gebiet werden im Gegensatz zu den Polystyrollösungen diese Abweichungen vom HAGEN-POISEUILLEschen Gesetz sehr groß. Sehr verwickelt ist auch die Änderung der Viscosität mit der Temperatur. Es erscheint schwierig, bei der Kompliziertheit der Erscheinungen überhaupt den Bau der Kolloidteilchen erkennen zu können. Aber beim genauen Studium zeigt es sich, daß auch hier das Viscosimeter als „Kolloidoskop" die scheinbar unentwirrbaren Komplikationen übersichtlich gestaltet.

3. Der Zustand der Polyacrylsäure in Lösung.

In den Lösungen homöopolarer Molekülkolloide liegen besonders einfache Verhältnisse vor, da bei verschiedenen Temperaturen und verschiedenen Konzentrationen stets ein und derselbe Stoff in isolierten Fadenmolekülen in der Lösung vorhanden ist; deshalb sind hier die η_{sp}/c-Werte in verdünnter Lösung annähernd konstant. Bei koordinativen Molekülkolloiden können die Fadenmoleküle in Lösung durch koordinative Bindungen unter sich und mit den Lösungsmittelmolekülen verbunden sein. Die η_{sp}/c-Werte ändern sich in diesem Fall je nach der Konzentration und der Temperatur der Lösung.

Bei der Polyacrylsäure liegen in der Lösung „verschiedene Stoffe" vor. Je nach dem p_H, nach der Konzentration, nach der Temperatur enthält sie ionisierte, nichtionisierte oder teilweise ionisierte Moleküle. Im undissoziierten Zustand ist die Säure ein koordinatives Molekülkolloid. Die Nichtionisation wird begünstigt durch wachsende Konzentration der Säure und sinkende Temperatur. In diesem Zustand liegt die Säure als Pseudosäure im Sinne von HANTZSCH vor. Von den Fettsäuren ist bekannt, daß ihre normalen Moleküle im undissoziierten Zustand zu dimeren koordinativen Molekülen vereinigt sind[1]. Derartige koordinative Bindungen sind auch an dem undissoziierten Molekül der Polyacrylsäure zu erwarten, nur sind die Bindungsmöglichkeiten wegen der großen Zahl der Carboxylgruppen wesentlich zahlreicher, es können viele Moleküle miteinander verkettet werden. In wässeriger Lösung werden die COOH-Gruppen der Säure nicht nur unter sich koordinative Bindungen eingehen, sondern vor allem auch mit den Molekülen des Wassers. Mit der Konzentration und der Temperatur der Lösung wird sich aber das Verhältnis der verschiedenen koordinativen Moleküle ändern.

Mit wachsender Verdünnung und steigender Temperatur ist weiter eine Dissoziationszunahme der Polyacrylsäure verbunden. Schließlich bewirkt Zusatz von Natronlauge die Bildung von ionisierten Molekülen.

Zwischen diesem undissoziierten und dissoziierten Zustand der Polyacrylsäure gibt es alle Übergänge.

Die Viscositätsuntersuchungen an Polyacrylsäure zeigen nun das gemeinsame Bild, daß bei ein und derselben Verbindung, also bei unveränderter Länge der Hauptvalenzkette, die Viscosität der Lösungen sich außerordentlich stark ändert, je nachdem die Moleküle in der ionisierten oder unionisierten Form vorliegen.

---

[1] MÜLLER, A u. G. SHEARER: Journ. Chem. Soc. London **123**, 3156 ff. (1923). — BRIEGLEB, G.: Ztschr. f. physik. Ch. (B) **10**, 205 (1930). — TRAUTZ, M., u. W. MOSCHEL: Ztschr. f. anorg. u. allg. Ch.**155**, 13 (1 926). — STAUDINGER, H., u. EIJI OCHIAI: Ztschr. f. physik. Ch. (A) **158**, 35 (1931).

Beim Übergang in die ionisierte Form wächst die Viscosität sehr beträchtlich. Nach den geläufigen Anschauungen könnte man hierfür die Solvatation der Ionen verantwortlich machen. Diese spielt auch zweifellos eine Rolle; denn die Solvatschicht der Ionen ist beträchtlicher als die der homöopolaren Moleküle, welche monomolekular anzunehmen ist[1]. Je nach der Konzentration und der Temperatur werden die Ionen mehr oder weniger zahlreiche Wassermoleküle binden[2]. Diese Solvatation wirkt gewissermaßen molekülvergrößernd und damit viscositätserhöhend. Sie kann aber nicht die wesentlichste Rolle für die bedeutenden Viscositätserhöhungen beim Übergang vom unionisierten in den ionisierten Zustand spielen. Denn die Solvatation muß pro Grundmolekül, also pro Kation und Anion, ungefähr die gleiche sein. Sie muß also proportional mit der Moleküllänge anwachsen. Das Verhältnis der Viscosität des Salzes zu der der Säure müßte also unabhängig von der Länge der Moleküle ungefähr gleich sein, wenn die Viscositätserhöhung bei der Salzbildung wesentlich mit der Solvatation zusammenhinge. Tatsächlich wird bei hochmolekularen Produkten die Viscosität durch den Übergang von der Säure in das Salz weit stärker vergrößert als bei niedermolekularen Produkten. Es müssen also für diese Viscositätserhöhung Faktoren verantwortlich gemacht werden, die sich mit zunehmender Länge der Ketten stärker bemerkbar machen. Einen solchen Einfluß haben die interionischen Kräfte, die zwischen den hochmolekularen Ionen genau so wirksam sind wie zwischen niedermolekularen. Wie sich in einer Lösung von Natriumchlorid um jedes Natriumion negativ geladene Chlorionen und um jedes Chlorion positive Natriumionen infolge der elektrostatischen Anziehung bzw. Abstoßung sammeln und sich so eine gewisse Ionenverteilung als stationärer Zustand ausbildet, stellt sich ein analoger Effekt auch bei den dissoziierten Salzen der Polyacrylsäure ein. Ein Säureanion umgibt sich mit Natriumionen, und eine Gruppe von Natriumionen wird wiederum mit Carboxylionen des Säureanions in Wechselwirkung treten. Dadurch, daß die Säureanionen gestreckte polyvalente Kettenmoleküle darstellen, wird eine Art gegenseitiger Festlegung der Säureanionen durch Ionenladungen eintreten. Diese Festlegung macht sich mit wachsender Kettenlänge der Fadenionen immer stärker bemerkbar. Diese *besondere Art von Teilchenvergrößerung* bezeichnen wir im folgenden *als Schwarmbildung*.

Ein solch stationärer Zustand in der Lösung wird also einer gewissen Strukturierung entsprechen, und einer Störung des Gleichgewichts dieser Strukturierung etwa durch Strömung im Viscosimeter wird sich ein Widerstand entgegensetzen. Daher ist die Säure im dissoziierten Zustand durch eine besonders hohe Viscosität ausgezeichnet, und es treten hier besonders große Abweichungen vom HAGEN-POISEUILLEschen Gesetz ein.

Bei den homöopolaren Molekülkolloiden deutet ein Anwachsen der Viscosität der verdünnten Lösungen, also eine Zunahme der η_{sp}/c-Werte, auf eine Verlängerung der Kettenmoleküle. Eine solche Vergrößerung der Kettenmoleküle kann bei koordinativen Molekülen auch durch koordinative Bindungen zwischen den Fadenmolekülen erfolgen. So zeigen beispielsweise die aliphatischen Säuren die doppelten η_{sp}/c-Werte, als man nach ihrem normalen Molekulargewicht erwarten

---

[1] STAUDINGER, H., u. W. HEUER: Ber. Dtsch. Chem. Ges. **62**, 2933 (1929). Vgl. S. 126.

[2] Das Wasser enthält koordinative polymere Moleküle, die bei der Solvatation der Ionen gebunden werden können, vgl. S. 7.

sollte, weil koordinative Bindungen zwischen den Molekülen eingetreten sind[1]. Die Viscositätserhöhung bei der Polyacrylsäure stellt eine ganz andersartige Erscheinung dar. Sie ist hervorgerufen durch die Festlegung der Fadenmoleküle bzw. die Behinderung ihrer freien Beweglichkeit infolge der interionischen Kräfte. Eine eigentliche Molekülvergrößerung, wie sie z. B. durch die Bildung koordinativer aus normalen Molekülen zustande kommt, findet durch interionische Kräfte nicht statt. Dies zeigen auch die Versuche von BOEHM und SIGNER über Strömungsdoppelbrechung der Polyacrylsäure und die ihres Salzes[2].

Zusammenfassend läßt sich über die Art der Teilchen in Lösungen von Polyacrylsäure und ihrer Salze folgendes sagen: Bei der Säure können Einzelmoleküle in Lösung vorhanden sein, wenn die koordinativen Gruppen durch Wassermoleküle gebunden sind; es können weiter koordinative Moleküle aus mehreren Säuremolekülen vorliegen; endlich liegen Fadenionen vor, die solvatisiert sind und durch interionische Kräfte teilweise gegeneinander festgelegt sind. Beim polyacrylsauren Natrium sind in der Lösung hauptsächlich solche solvatisierten Fadenionen vorhanden, die durch interionische Kräfte aufeinander wirken. Durch Hydrolyse entstehen Säuregruppen, die wieder zu koordinativen Bindungen Anlaß geben können.

So sind die Viscositätserscheinungen bei Polyacrylsäure und ihren Salzen außerordentlich kompliziert. Einfache und übersichtliche Verhältnisse sind dagegen vorhanden, wenn man polyacrylsaure Salze im Überschuß von Lauge oder nach Zusatz von Salzen wie z. B. Kochsalz untersucht. Die Hydrolyse wird hier zurückgedrängt, die Festlegung der Fadenionen unter sich durch interionische Kräfte wird verhindert, da jedes Ion von einer großen Menge niedermolekularer Kationen und Anionen umgeben ist. Unter diesen Bedingungen können die Fadenionen keine Wirkungen aufeinander ausüben.

Es verhalten sich dann die Fadenionen des heteropolaren Molekülkolloids wie die Fadenmoleküle eines homöopolaren. Es ergeben sich bei der hemikolloiden Polyacrylsäure einfache Beziehungen zwischen Viscosität und Molekulargewicht, auf Grund deren man die Kettenlänge der eukolloiden Vertreter ermitteln kann.

Unter Hemikolloiden werden dabei hier, wie bei anderen hochmolekularen Stoffen, die Produkte verstanden, die so niedermolekular sind, daß man ihr Molekulargewicht durch kryoskopische Methoden oder durch Endgruppenbestimmung noch festlegen kann. Die hemikolloiden Polyacrylsäuren haben ein Molekulargewicht von rund 600—4000 (Polymerisationsgrad ca. 8—50). Sie geben relativ niederviscose Lösungen, die keine anormalen Viscositätserscheinungen zeigen.

Als eukolloide Produkte werden auch in dieser Reihe die Verbindungen bezeichnet, deren Lösungen dem HAGEN-POISEUILLEschen Gesetz nicht gehorchen[3]. Das Molekulargewicht der eukolloiden Polyacrylsäuren liegt zwischen 4000 und 15000 (Polymerisationsgrad 50—200). Diese Produkte sind also relativ niedermolekular im Vergleich zu den Polystyrolen, die einen Polymerisationsgrad von über 1500 besitzen müssen, damit „eukolloide Eigenschaften" auftreten. Der Grund hierfür ist folgender: die eukolloiden Eigenschaften werden beim poly-

---

[1] STAUDINGER, H., u. EIJI OCHIAI: Ztschr. f. physik. Ch. (A) **158**, 45 (1931). Vgl. S. 61.
[2] BOEHM, G., u. R. SIGNER: Helv. chim. Acta **14**, 1395 (1931).   [3] Vgl. S. 92.

acrylsauren Natrium durch die Schwarmbildung der Fadenionen hervorgerufen; in verdünnten Lösungen des homöopolaren Polystyrols hängen sie lediglich von der Länge der Moleküle ab.

4. Osmotischer Druck von polyacrylsauren Salzen.

Die polyacrylsauren Salze dialysieren nicht, auch nicht die niedermolekularen Kationen, weil sie durch die starken elektrischen Kräfte der hochmolekularen Anionen, die nicht dialysieren können, festgehalten werden. Deshalb besitzen diese Lösungen einen osmotischen Druck, wie er sonst nur bei Krystalloiden zu beobachten ist. *In den Lösungen von polyacrylsaurem Natrium wirken zwei Komponenten zusammen: die zahlreichen Natriumionen rufen den starken osmotischen Effekt hervor, die hochmolekularen Polyanionen verleihen der Lösung die charakteristischen Merkmale eines Kolloids. Wenn man die Lösung eines heteropolaren Molekülkolloids mit einem hochmolekularen Polyanion und zahlreichen niedermolekularen Kationen* (und umgekehrt) *durch eine permeable Membran abschließt, so verhält sie sich wie die Lösung eines niedermolekularen Stoffes in einer semipermeablen Membran.* Es entsteht innerhalb der Membran ein osmotischer Druck, da die niedermolekularen Ionen durch das hochmolekulare Ion innerhalb derselben festgehalten werden. Es muß also bei polyacrylsauren Salzen verschiedenen Molekulargewichtes der osmotische Druck annähernd der gleiche sein[1], da die Beträge für den osmotischen Druck der hochmolekularen Anionen zu vernachlässigen sind[2].

Die Lösungen von polyacrylsauren Salzen in einer permeablen Membran verhalten sich also wie solche von niedermolekularen Stoffen in einer semipermeablen. Bei Lösungen von hochmolekularen heteropolaren polyionischen Molekülkolloiden hat man also in einer Zelle gegenüber Wasser einen hohen osmotischen Druck, ohne daß die Zellwand semipermeabel ist. Lösungen von homöopolaren hochmolekularen Stoffen in Zellen mit permeablen Membranen haben hingegen entsprechend der geringen Zahl der homöopolaren großen Teilchen nur einen geringen osmotischen Druck.

II. Hemikolloide Polyacrylsäuren.

Die erste Aufgabe ist nach dem oben Gesagten die Herstellung der Hemikolloide, ihre Molekulargewichtsbestimmung und die Untersuchung der Viscositätserscheinungen.

Die Herstellung gelingt durch Polymerisation von Acrylsäure in Lösung unter Zusatz von Katalysatoren. Die Molekulargewichtsbestimmung, welche auf kryoskopischem Wege nicht durchführbar ist, gelingt durch Bestimmung der Molekülendgruppen. Die Viscositätsuntersuchungen zeigen, daß in stark alkalischer Lösung sich die Moleküle in vergleichbaren Zuständen befinden. Hieraus ergeben sich Zusammenhänge zwischen Viscosität und Molekulargewicht.

---

[1] Genaue Messungen müssen noch ausgeführt werden.
[2] Da die Säurestärke der hoch- und niedermolekularen Polyacrylsäuren etwas verschieden ist, so zeigen sich voraussichtlich geringe Unterschiede im osmotischen Druck, da die Salze verschieden hydrolysiert sind.

1. Darstellung der Hemikolloide.

Durch Polymerisation von reiner Acrylsäure werden je nach den Bedingungen sehr hochmolekulare Produkte erhalten. Auch in wässeriger Lösung entstehen bei der Polymerisation, die durch Spuren von Peroxyden eingeleitet sein muß, sehr hochmolekulare Polyacrylsäuren. Durch Zusatz großer Mengen von Peroxyden und in verdünnter wässeriger Lösung gelingt es jedoch, hemikolloide Produkte zu erhalten. Tabelle 221 zeigt, daß die Viscositäten der so erhaltenen polymeren Säuren stark mit der bei der Polymerisation angewendeten Acrylsäurekonzentration und mit der Menge des angewendeten Katalysators variieren. Je höher die auf eine bestimmte Menge Acrylsäure angewendete Menge Wasserstoffsuperoxyd ist, desto niedriger ist die Viscosität des Polymerisationsproduktes. Einmal wirkt Wasserstoffsuperoxyd als Katalysator beim Polymerisationsprozeß. Dann unterbricht es aber die Kettenreaktion, indem es — je nach seiner Konzentration — die Endvalenzen kürzerer oder längerer Ketten besetzt und dadurch die Molekülfäden am Weiterwachsen hindert.

Tabelle 221. Polymerisation von Acrylsäure in wässeriger Lösung in Gegenwart von Katalysatoren.

Konzentration der Acrylsäure	Katalysator	η_{sp} in 1 gd-mol. Lösung
1 mol.	1 Tropfen peroxydhaltiger Äther auf 0,5 g Säure	1,82
1 mol.	0,11 Mol. H_2O_2 auf 1 Mol. Säure	1,25 / 1,35
1 mol.	0,1 Mol. H_2O_2 auf 1 Mol. Säure	1,72 / 1,50
1 mol.	0,05 Mol. H_2O_2 auf 1 Mol. Säure	1,90[1]
1 mol.	0,05 Mol. H_2O_2 auf 1 Mol. Säure	2,71
1 mol.	0,03 Mol. H_2O_2 auf 1 Mol. Säure	3,23
1 mol.	0,02 Mol. H_2O_2 auf 1 Mol. Säure	4,38 / 4,45
2 mol.	0,1 Mol. H_2O_2 auf 1 Mol. Säure	3,13
2 mol.	0,02 Mol. H_2O_2 auf 1 Mol. Säure	7,96

Die Lösungen wurden im Einschlußrohr unter Stickstoff 11 Tage auf 100° erhitzt.

In einer früheren Arbeit wurde gezeigt, daß die Polymerisation von Acrylsäure eine Kettenreaktion darstellt[2]. Die Rolle des Wasserstoffsuperoxyds wird durch folgendes Formelbild wiedergegeben.

$$\text{HO–OH} + \underset{\text{CH=CH}_2}{\overset{\text{COOH}}{|}} + x\,\underset{\text{CH=CH}_2}{\overset{\text{COOH}}{|}} + \underset{\text{CH=CH}_2}{\overset{\text{COOH}}{|}} + \text{HO–OH} + \underset{\text{CH=CH}_2}{\overset{\text{COOH}}{|}} + y\,\underset{\text{CH=CH}_2}{\overset{\text{COOH}}{|}} + \underset{\text{CH=CH}_2}{\overset{\text{COOH}}{|}} + \text{HO–OH}$$

$$\rightarrow \text{HO–}\underset{\text{CH–CH}_2}{\overset{\text{COOH}}{|}}\!\!\left(\underset{\text{CH–CH}_2}{\overset{\text{COOH}}{|}}\right)_{\!x}\!\!\underset{\text{CH–CH}_2}{\overset{\text{COOH}}{|}}\text{–OH} + \text{HO–}\underset{\text{CH–CH}_2}{\overset{\text{COOH}}{|}}\!\!\left(\underset{\text{CH–CH}_2}{\overset{\text{COOH}}{|}}\right)_{\!y}\!\!\underset{\text{CH–CH}_2}{\overset{\text{COOH}}{|}}\text{–OH}$$

2. Titration und Molekulargewicht der Hemikolloide.

Die Polyacrylsäure ist also eine Di-oxy-polycarbonsäure. Nimmt man an, daß die Polymerisation symmetrisch verläuft, so ergibt sich, daß an dem einen

---

[1] Die verwendete Acrylsäure enthielt Peroxyde.
[2] STAUDINGER, H., u. H. W. KOHLSCHÜTTER: Ber. Dtsch. Chem. Ges. **64**, 2093 (1931).

Ende der Polyacrylsäurekette die α-γ-Oxy-, am anderen Ende die β-δ-Oxysäure-gruppierung vorliegt. Im wasserfreien Zustand sind die Hydroxylgruppen laktonisiert.

$$\underbrace{\begin{array}{c} \text{O}\text{---------}\text{C}=\text{O} \\ | \quad\quad\quad\quad | \\ \text{COOH} \\ | \\ \text{CH---CH}_2\text{---CH---CH}_2\text{---} \end{array}}_{\gamma\text{-Lacton}} \left(\begin{array}{c} \\ \text{COOH} \\ | \\ \text{CH---CH}_2 \end{array} \right)_x \underbrace{\begin{array}{c} \text{O}=\text{C}\text{---------}\text{O} \\ | \quad\quad\quad\quad | \\ \text{COOH} \\ | \\ \text{---CH---CH}_2\text{---CH---CH}_2 \end{array}}_{\delta\text{-Lacton}}$$

Analytisch läßt sich die lactonisierte hochmolekulare Oxysäure nicht von Polyacrylsäure unterscheiden, da die Bruttozusammensetzung der Polyacrylsäure $C_3H_4O_2$ von der einer lactonisierten polymeren Säure $(C_3H_4O_2)_x + H_2O_2 - 2\,H_2O = (C_3H_4O_2)_x - 2\,H$ nur durch das Fehlen zweier Wasserstoffatome in dem großen Molekül verschieden ist.

γ- und δ-Lactone weisen nun eine völlig verschiedene Beständigkeit auf. Während der γ-Lactonring beständig ist und selbst in alkalischer Lösung nur teilweise zur γ-Oxysäure gespalten werden kann, gehen δ-Lactone schon in neutraler Lösung leicht in die δ-Oxysäure über. Die Beständigkeit des γ-Lactonrings im Vergleich zum δ-Lactonring hat HAWORTH[1] benutzt, um durch Messung der Hydrolysegeschwindigkeit von Lactonen der verschiedenen Monocarbonsäuren aus Monosen und Biosen eine Unterscheidung von γ- und δ-Lactonen zu begründen. Sämtliche von ihm untersuchten γ-Lactone werden wesentlich langsamer hydrolysiert als die entsprechenden δ-Lactone. Ebenso konnte STOBBE[2] am Beispiel der γ-Äthyl-Methylaconsäure zeigen, daß γ-Oxysäuren auch in alkalischer Lösung nur teilweise als solche zu titrieren sind, weil der Ringschluß zum γ-Lacton schon beim Neutralisieren der alkalischen Lösung eintritt.

Bei der direkten Titration der Polyacrylsäure mit Natronlauge und Phenolphthalein als Indicator findet man keinen scharfen Umschlagspunkt des Indicators. Die vielen schwachen Carboxylgruppen der Säure bewirken eine Hydrolyse des Natriumsalzes. Nur in Gegenwart von Natriumchlorid oder Alkohol — der Zusatz darf bei der Titration erst in der Nähe des Neutralpunktes erfolgen, weil sonst die Säure koaguliert — läßt sich die Titration scharf durchführen.

Bei dieser Titration läßt sich nun das δ-Lacton wie eine Säure titrieren, der γ-Lactonring wird nicht aufgespalten. Erst wenn man in alkalischer Lösung erhitzt und dann in der Kälte mit Salzsäure schnell zurücktitriert, gelingt es, einen Teil des γ-Lactons zu titrieren. Doch schon beim Neutralisieren der alkalischen Lösung wird das γ-Lacton, entsprechend den oben angeführten Beobachtungen von STOBBE, teilweise wieder zurückgebildet. Man erfaßt also bei der Titration der Polyacrylsäure mit Natronlauge in Gegenwart von Natriumchlorid alle Carboxylgruppen des Moleküls bis auf eine Endgruppe, welche als γ-Lacton gebunden ist[3]. Bei den hochmolekularen Polyacrylsäuren macht das Fehlen dieser einen Carboxylgruppe in dem großen Molekül bei der Titration einen so geringen Prozentsatz der insgesamt vorhandenen Säuregruppen aus, daß dieser Fehlbetrag in der Größe der Versuchsfehler liegt, also nicht bemerkt werden kann. Während bei einem Polymerisationsgrad von 2 dieser Fehlbetrag 50% ausmachen

---

[1] HAWORTH, W. N., u. Mitarbeiter: Journ. Chem. Soc. London **1927**, 1237; **1928**, 611; Helv. chim. Acta **11**, 534 (1928).

[2] STOBBE, H.: Liebigs Ann. **321**, 122 (1902).

[3] Vorausgesetzt ist, daß die Polymerisation in der geschilderten Weise symmetrisch verläuft.

würde, beträgt er bei einem Polymerisationsgrad von 100 nur noch 1%. Da die Titration der Polyacrylsäure nicht sehr scharfe Werte liefert, so läßt sich durch Titration ein Polymerisationsgrad nur bis etwa 50 bestimmen.

In der folgenden Tabelle sind die Ergebnisse der Titrationen zusammengestellt, welche an den niedermolekularen Polyacrylsäuren, deren Herstellung in Tabelle 221 angegeben ist, ausgeführt wurden. Man erkennt, wie mit wachsender Viscosität der Lösungen der nicht titrierbare Anteil abnimmt. Die höherviscosen Lösungen enthalten größere Moleküle, der Anteil der Endgruppen — des γ-Lactons — an diesen großen Molekülen ist geringer. Aus diesen Titrationsergebnissen, die den γ-Lactongehalt der Säuren erkennen lassen, kann man, wie es in Tabelle 222

Tabelle 222. Titration der Hemikolloide.

η_{sp} der Säure in 1 gd-mol. Lösung	Von der Einwage titrierbar %	Nicht titrierbarer Teil %	Durchschnittspolymerisationsgrad	Durchschnittsmolekulargewicht
1,72	92,15	7,85	12—13	ca. 900
1,50	91,7	8,3		
2,71	94,1	5,9	17	1200
3,13	94,5	5,5	18	1300
4,45	96,2	3,8	26	1900
7,96	97,4—97,6	2,4—2,6	38—42	2900
10,3	98	2	50	3600

angegeben ist, den durchschnittlichen Polymerisationsgrad der Polyacrylsäure berechnen. Es war bisher nicht möglich, die so ermittelten Werte für die Molekulargewichte auf anderem Wege zu kontrollieren. Die osmotischen Methoden versagen bei der Polyacrylsäure, denn die Zahl der osmotisch wirksamen Teilchen wechselt mit dem Dissoziationsgrad. Dabei ist die Zahl der hochmolekularen Anionen im Verhältnis zu der der niedermolekularen Kationen gering. Weiter ist die Zusammensetzung der Teilchen in einer Lösung von Polyacrylsäure noch unbekannt. Man weiß nicht, wieweit normale Moleküle, wieweit koordinative Moleküle vorhanden sind. Es ist also nicht sichergestellt, ob die geschilderte Titrationsmethode richtige Werte für das Molekulargewicht der hemikolloiden Polyacrylsäuren liefert. Jedenfalls stellen die so ermittelten Werte eine untere Grenze dar. Denn es ist möglich, daß ein Teil der nicht titrierbaren Carboxylgruppen nicht als Endgruppen gebunden ist. In diesem Falle wären die wirklichen Molekulargewichte höher. Für die weiteren Berechnungen werden die durch Titration gefundenen Molekulargewichte zugrunde gelegt.

3. Viscositätsuntersuchungen an Hemikolloiden.

Es gilt nun zu ermitteln, in welchem Zusammenhang das Molekulargewicht der Hemikolloide und die spez. Viscosität ihrer Lösungen stehen. Dabei ergibt sich die große Schwierigkeit, daß die Viscosität der Polyacrylsäuren, vor allem der eukolloiden, ungeheuer stark vom p_H, der Fließgeschwindigkeit und der Anwesenheit anderer Elektrolyte abhängig ist. So erschien es zu Beginn der Untersuchungen aussichtslos, die Bedingungen zu finden, unter denen sich die spez. Viscositäten der verschiedenen Vertreter, ähnlich wie es bei den homöopolaren Molekülkolloiden möglich ist, vergleichen lassen. Eingehende Untersuchungen vor allem an den Eukolloiden, welche unten geschildert werden, führten dann zu dem Ergebnis, daß in Lösungen von Polyacrylsäure bei einem Überschuß von

Natronlauge in bezug auf die Viscosität ganz ähnliche Verhältnisse vorliegen, wie sie in verdünnten Lösungen homöopolarer Molekülkolloide vorhanden sind.

Aus der polymerhomologen Reihe der hemikolloiden Polyacrylsäuren wurden zwei Produkte auf ihr allgemeines Viscositätsverhalten hin genauer geprüft. Die durchschnittlichen Polymerisationsgrade dieser Säuren wurden durch die Lactontitration zu 8 und zu 50 ermittelt. Sie werden im folgenden mit ,,Säure P 8" und ,,Säure P 50", ihre Natriumsalze mit ,,Na-Salz P 8" und ,,Na-Salz P 50" bezeichnet. Es wurde festgestellt, ob die Lösungen dem HAGEN-POISEUILLEschen Gesetz gehorchen, unter welchen Bedingungen und in welchen Konzentrationen η_{sp}/c konstant ist. Es wurde gefunden, daß dieses in verdünnten Lösungen bei großem Alkaliüberschuß der Fall ist, und dort ergeben sich die gesuchten Zusammenhänge zwischen Viscosität und Molekulargewicht.

a) Gültigkeit des HAGEN-POISEUILLEschen Gesetzes.

Die Lösungen der Säure P 8 und ihres Natriumsalzes gehorchen dem HAGEN-POISEUILLEschen Gesetz vollkommen. Bei Säure P 50 und ihrem Natriumsalz

Tabelle 223.
Abhängigkeit der Viscosität der Hemikolloide vom Geschwindigkeitsgefälle
Messungen im UBBELOHDEschen und OSTWALDschen Viscosimeter.

Säure P 8. 0,5 gd-mol.[1]

20°	Gf.[2]	502	10 200	16 800		
	η_{sp}	0,615	0,61	0,62		
60°	Gf.	1030	20 800			
	η_{sp}	0,64	0,64			

Na-Salz P 8. 0,09 gd-mol.[1]

20°	Gf.	430	4460	13 400		
	η_{sp}	0,89	0,88	0,88		
60°	Gf.	963	10 950			
	η_{sp}	0,77	0,76			

Säure P 50. 0,004 gd-mol.

20°	Gf.	538	1040	1600	3530	7080
	η_{sp}	0,137	0,138	0,140	0,137	0,137

Säure P 50. 1,64 gd-mol.

20°	Gf.	38	102	210	434	
	η_{sp}	41,5	40,9	40,7	40,6	

Na-Salz P 50. 0,18 gd-mol.

20°	Gf.	96	359	818	1400	1905	2540
	η_{sp}	10,4	10,4	10,3	10,3	10,2	10,0

Na-Salz P 50. 0,53 gd-mol.

20°	Gf.	41,2	110	274	562	1145
	η_{sp}	32,3	31,9	31,8	31,8	31,8

---

[1] Gd-mol. bei Säuren auf das Mol.-Gew. der Acrylsäure = 72 bezogen. Also 0,1 gd-mol. = 0,72%. Gd-mol. beim polyacrylsauren Natrium auf das Mol.-Gew. des acrylsauren Natrium = 94 bezogen. Also 0,1 gd-mol. = 0,94%.

[2] Gf. = Mittleres Geschwindigkeitsgefälle, berechnet nach KRÖPELIN[3] nach der Gleichung
$$\text{Gf.} = \frac{8v}{3\pi R^3 t}.$$

[3] KRÖPELIN, H.: Ber. Dtsch. Chem. Ges. **62**, 3056 (1929).

finden sich schon ganz geringe Abweichungen von diesem Gesetz bei kleinen Fließgeschwindigkeiten (vgl. Tabelle 223).

b). **Die Abhängigkeit der Viscosität der Säuren von der Konzentration.**

Die Abhängigkeit der spez. Viscosität der Säuren P 8 und P 50 von der Konzentration ist in Abb. 86 wiedergegeben. Zum Vergleich ist die Konzentrationsviscositätskurve eines hemikolloiden Polystyrols[1] eingezeichnet; während die Kurve der Säure P 8 noch keine sehr wesentlichen Unterschiede gegen den Kurvenverlauf beim Polystyrol aufweist, gibt die Säure P 50 ein abweichendes Bild. Im stark verdünnten Gebiet fällt hier ein starker Anstieg der Kurve auf, es folgt dann ein Umbiegen zu einem etwas flacheren Verlauf und im konzentrierten Gebiet wieder ein steiler Anstieg. Die η_{sp}/c-Werte haben entsprechend mit steigender Konzentration zunächst fallende Tendenz, um nach Durchlaufen eines Minimums wieder anzusteigen (s. Abb. 87). Im ganz verdünnten Gebiet haben sie auffällig hohe Werte. Die Zusammenstellung der Messungen befindet sich in Tabelle 224.

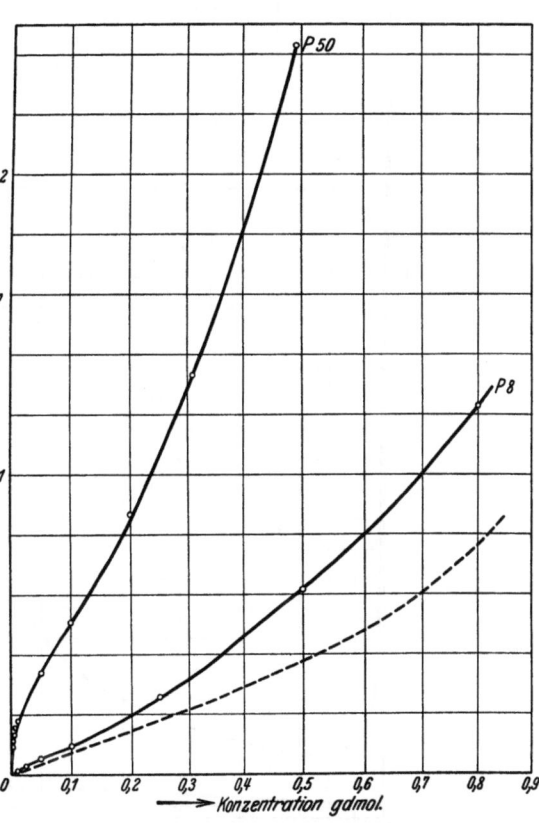

Abb. 86. Viscositätskonzentrationskurven der hemikolloiden Säuren. (— — — Kurve für Polystyrol vom Durchschnittsmolekulargewicht 2350 nach W. Heuer.)

Dies Verhalten der Säuren läßt folgendes erkennen: Im stark verdünnten Gebiet sind die Säuren weitgehend dissoziiert. Hier beobachtet man die höchsten η_{sp}/c-Werte, da einmal die interionischen Kräfte zur Festlegung der Fadenionen durch Schwarmbildung führen; andererseits kann auch deren Solvatation beträchtlich sein. Bei geringer Konzentrationszunahme nimmt die Dissoziation erheblich ab; damit werden die interionischen Kräfte und die Solvatation geringer, η_{sp}/c nimmt ab. Je mehr undissoziierte Säure sich aber bildet, desto mehr nähert sich der Charakter der Säure dem eines homöopolaren Molekülkolloids wie z. B. dem des Polystyrols. Allerdings können auch hier koordi-

---

[1] Nach Messungen von W. Heuer, vgl. Tabelle 65, S. 172.

native Bindungen der Moleküle unter sich eintreten, wie dies bei der Essigsäure der Fall ist. Mit steigender Konzentration wird die Tendenz zur Bildung solcher koordinativer Moleküle zunehmen. Der Anstieg der η_{sp}/c-Werte in hohen Konzentrationen kann mit solchen Erscheinungen zusammenhängen, ist aber auch darauf zurückzuführen, daß die Sollösung in eine Gellösung

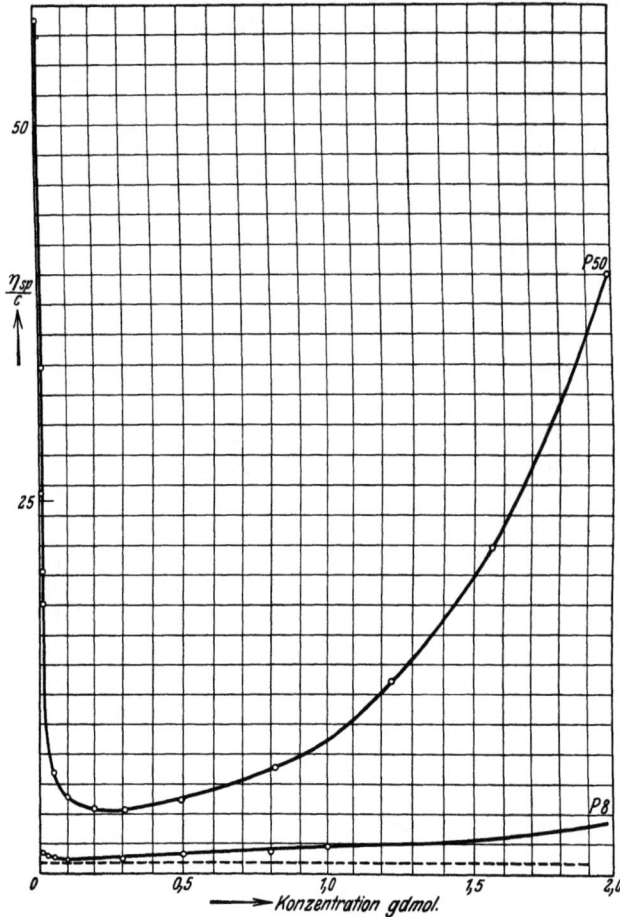

Abb. 87. η_{sp}/c-Konzentrationskurven für die hemikolloiden Säuren. (– – – Kurve für Polystyrol vom Durchschnittsmolekulargewicht 2350 [1].)

übergeht. Wie die Bildung koordinativer Moleküle die Viscosität beeinflußt, ist vorläufig nicht zu entscheiden, da man den Bau dieser koordinativen Teilchen nicht kennt.

Der Verlauf der Viscositätskurven ist bei der Säure P 8 ähnlich wie beim Polystyrol, bei der Säure P 50 ergibt sich ein ganz verschiedenes Bild. Diese ungewöhnlichen Viscositätserscheinungen stehen also mit der Länge der Moleküle in Zusammenhang, und zwar wirkt die Schwarmbildung mit zunehmender Länge der Fadenionen stark viscositätserhöhend.

[1] Vgl. Abb. 24, S. 171.

Tabelle 224. Spezifische Viscositäten der hemikolloiden Polyacrylsäuren.
Messungen im OSTWALDschen Viscosimeter bei 20°.

Säure P 8.   Säure P 50.

Konzentration in Gd-mol.	η_{sp}	η_{sp}/c	Konzentration in Gd-mol.	η_{sp}	η_{sp}/c
0,01	0,013	1,3	0,0002	0,036	180
0,025	0,03	1,2	0,0005	0,073	146
0,05	0,051	1,02	0,001	0,092	92
0,1	0,096	0,96	0,002	0,114	57
0,25	0,265	1,06	0,004	0,136	34
0,5	0,618	1,24	0,006	0,153	25,5
0,8	1,23	1,54	0,008	0,162	20,3
1,0	1,75	1,75	0,01	0,180	18,0
2,0	7,01	3,5	0,05	0,34	6,8
			0,1	0,51	5,1
			0,2	0,865	4,32
			0,308	1,33	4,32
			0,494	2,43	4,92
			0,823	5,79	7,03
			1,23	15,9	12,9
			1,56	34,0	21,8
			1,973	78,9	40,0

c) Die Abhängigkeit der Viscosität der Natriumsalze von der Konzentration.

Die Viscosität der Natriumsalze übertrifft die der Säuren um ein Vielfaches. Besonders auffällig ist, daß die η_{sp}/c-Werte in verdünnter Lösung viel größer sind als in höherer Konzentration (vgl. Tabelle 225). Dies Verhalten ist dem der homöopolaren Molekülkolloide wiederum gerade entgegengesetzt (Abb. 88 und 89).

Tabelle 225.
Spezifische Viscositäten der hemikolloiden polyacrylsauren Natriumsalze.
Messungen bei 20° im OSTWALDschen Viscosimeter.

Na-Salz P 8.   Na-Salz P 50.

Konzentration in Gd-mol.[1]	η_{sp}	η_{sp}/c	Konzentration in Gd-mol.[1]	η_{sp}	η_{sp}/c
0,005	0,118	23,6	0,0005	0,189	378
0,01	0,20	20,0	0,001	0,338	338
0,05	0,596	11,9	0,002	0,65	325
0,1	0,968	9,68	0,004	1,05	263
0,2	1,58	7,9	0,007	1,555	222
			0,01	1,856	186
			0,03	3,65	122
			0,06	5,37	89,7
			0,1	7,46	74,6
			0,2	12,12	60,6
			0,3	16,75	55,9
			0,4	22,3	55,8
			0,5	27,35	54,8
			0,6125	34,1	55,7

[1] 0,1 gd-mol. Lösung des Salzes = 0,94%.

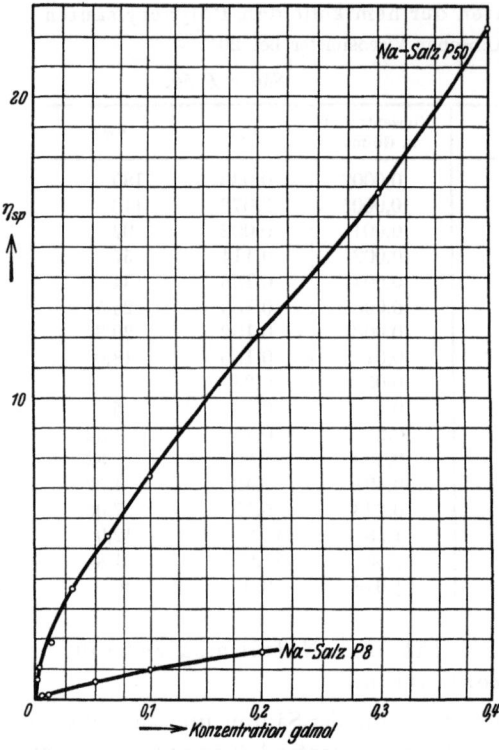

Abb. 88. Viscositätskonzentrationskurven der hemikolloiden Na-Salze.

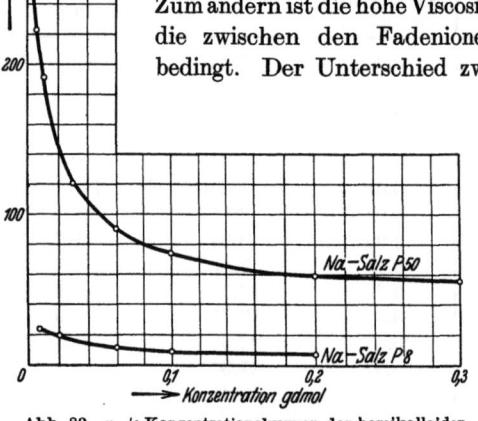

Abb. 89. η_{sp}/c-Konzentrationskurven der hemikolloiden Na-Salze.

Während beim Polystyrol die η_{sp}/c-Werte in verdünnten Lösungen konstant sind und erst in höheren Konzentrationen wachsen, beobachtet man beim polyacrylsauren Natrium gerade in verdünntem Gebiet ein sehr starkes Abfallen der η_{sp}/c-Werte und im konzentrierten Gebiet, wie aus den Kurven in Abb. 89 hervorgeht, ein Konstantwerden[1]. Dieser Kurvenverlauf ist, wie schon hier bemerkt werden soll, bei den Eukolloiden noch ausgeprägter. Im ganz verdünnten Gebiet, wo auch die Säuren dissoziiert sind, zeigen Natriumsalze und Säuren einen analogen Kurvenverlauf.

d) Vergleich der spez. Viscositäten von Natriumsalzen und Säuren.

Aufschlußreich ist ein Vergleich der spez. Viscositäten von Natriumsalzen und Säuren von verschiedenem Polymerisationsgrad. In Tabelle 226 sind die η_{sp}/c-Werte der Salze und Polyacrylsäuren in verschiedenen Konzentrationen bei 20 und 60° nebeneinandergestellt. Es ist weiter das Verhältnis der η_{sp}/c-Werte von Säure und Salz berechnet. Die spez. Viscositäten der Natriumsalze sind außerordentlich viel höher als die der Säuren. Diese Erscheinung ist einmal auf die erhöhte Solvatation der Ionen des Natriumsalzes gegenüber der Säure zurückzuführen. Zum andern ist die hohe Viscosität der Salze durch interionische Kräfte, die zwischen den Fadenionen des Natriumsalzes wirksam sind, bedingt. Der Unterschied zwischen der Viscosität von Säure und Salz ist bei den höhermolekularen Säuren erheblich größer als bei den niedrigen Gliedern der Reihe. Während die Viscosität der Säure P 50 nur 9% der Viscosität ihres Natriumsalzes beträgt, ist die Viscosität der

---

[1] Von einer Erklärung soll hier vorläufig abgesehen werden. Es möge hier eine Beschreibung der Phänomene genügen, welche die Kompliziertheit der Viscositätserscheinungen bei den verschiedenen Stoffen zeigt.

Tabelle 226. **Vergleich der spezifischen Viscositäten von polyacrylsaurem Natrium und Polyacrylsäure.**

Durchschnitts-polymeri-sationsgrad	0,5 gd-mol.[1] 20° η_{sp}/c-Werte		$\dfrac{\eta_{sp}/c\text{-Säure}}{\eta_{sp}/c\text{-Salz}}$	0,5 gd-mol.[1] 60° η_{sp}/c-Werte		$\dfrac{\eta_{sp}/c\text{-Säure}}{\eta_{sp}/c\text{-Salz}}$
	Säure	Na-Salz		Säure	Na-Salz	
12—13 {	1,19	6,73	0,18	1,29	6,32	0,20
	1,28	6,94	0,18	1,34	6,84	0,20
15	1,42	8,78	0,16	1,54	8,25	0,19
17	1,87	11,7	0,16	2,06	11,0	0,19
17	1,96	11,8	0,17	2,16	11,1	0,19
18	2,39	16,0	0,15	2,78	15,2	0,18
26	2,81	19,9	0,14	3,22	18,7	0,17
38—42	4,37	41,4	0,11	5,26	38,4	0,14
50	4,92	54,8	0,09			
	0,1 gd-mol.[2] 20°			0,1 gd-mol.[2] 60°		
12—13 {	1,12	9,9	0,11	1,22	9,2	0,13
	1,07	10,24	0,10	1,23	9,35	0,13
15	1,28	13,2	0,10	1,49	12,2	0,12
17	1,65	18,2	0,09	1,93	16,3	0,12
17	1,69	18,4	0,09	1,97	16,7	0,12
18	2,22	23,8	0,09	2,56	22,2	0,12
26	2,83	30,3	0,09	3,28	27,99	0,12
38—42	4,17	63,0	0,07	5,05	57,8	0,09
50	5,1	74,6	0,07			

Säure P 12 18% der Viscosität ihres Salzes in 0,5 gd-mol. Lösung. Dieser Vergleich zeigt, daß bei den Natriumsalzen eine viscositätserhöhende Wirkung vorhanden ist, welche mit zunehmender Kettenlänge wächst. Dieser viscositätserhöhende Effekt kann nicht auf einer Solvatation der Ionen beruhen; dann müßte der Unterschied zwischen der Viscosität des Natriumsalzes und der Säure bei Molekülen verschiedener Kettenlänge gleich sein, da man annehmen muß, daß die Solvatation pro Grundmolekül in gleicher Konzentration die gleiche ist. Dagegen wird die Festlegung der Fadenionen durch interionische Kräfte mit der Kettenlänge stärker, da mit der Kettenlänge die Zahl der Angriffspunkte für die Festlegung wächst. Der viscositätserhöhende Einfluß der Schwarmbildung wird mit zunehmender Länge der Fadenionen immer beträchtlicher.

e) Der Einfluß der Temperatur auf die Viscosität.

Der Einfluß der Temperatur auf die Viscosität der Polyacrylsäure und ihrer Salze ist außerordentlich kompliziert. Man kann vor allem folgende Einflüsse der Temperaturerhöhung unterscheiden. Einmal wirkt Temperaturerhöhung dissoziationssteigernd. Das bedeutet nach dem oben Gesagten einen viscositätserhöhenden Faktor. Zweitens aber tritt mit steigender Temperatur eine Störung der Schwarmbildung ein, welche viscositätsvermindernd wirkt. Ebenso wirkt viscositätsvermindernd die Abnahme der Solvatation der Ionen[3]. Es wird ferner der Abstand zwischen den Molekülen größer; dieser Faktor wirkt wie bei den homöopolaren Molekülkolloiden viscositätserniedrigend mit steigender Tempe-

---

[1] 0,5 gd-mol. für die Säuren = 3,6%. 0,5 gd-mol. für die Salze = 4,7%.
[2] 0,1 gd-mol. für die Säuren = 0,72%. 0,1 gd-mol. für die Salze = 0,94%.
[3] Dadurch, daß die polymeren Moleküle des Wassers bei Temperaturerhöhung zerfallen.

Tabelle 227. **Abhängigkeit der spezifischen Viscosität der Säuren von der Temperatur.**

Konzentration in Gd-mol.	η_{sp} bei 20°	η_{sp} bei 60°	T.-A.[1]
Säure P 8.			
0,1	0,096	0,10	1,04
0,25	0,265	0,278	1,05
0,5	0,618	0,639	1,03
0,8	1,23	1,21	0,99
1,0	1,75	1,69	0,97
Säure P 50.			
0,02	0,29	0,315	1,09
0,9	7,7	8,1	1,05

Tabelle 228. **Abhängigkeit der spezifischen Viscosität der Natriumsalze von der Temperatur.**

Konzentration in Gd-mol.	η_{sp} bei 20°	η_{sp} bei 60°	T.-A.[1]
Na-Salz P 8.			
0,01	0,20	0,173	0,87
0,05	0,596	0,522	0,88
0,1	0,968	0,875	0,90
0,2	1,58	1,46	0,93
Na-Salz P 50.			
0,01	1,83	1,52	0,83
0,175	11,08	10,15	0,92

ratur. Schließlich wirkt Temperaturerhöhung auch auflösend auf die koordinativen Bindungen der Säure in höheren Konzentrationen. Wie dies die Viscosität beeinflußt, kann nicht beurteilt werden, da man den Bau der koordinativen Moleküle nicht kennt.

Die Säuren zeigen bei 60° höhere spezifische Viscosität als bei 20°. Hier überwiegt also ein viscositätssteigernder Einfluß der Temperaturerhöhung, wahrscheinlich vor allem die Dissoziationssteigerung. Die spez. Viscosität der stark dissoziierten hemikolloiden Natriumsalze nimmt dagegen mit steigender Temperatur ab. Es überwiegen hier also viscositätsvermindernde Einflüsse im Gegensatz zu den Verhältnissen bei den später beschriebenen eukolloiden Natriumsalzen, deren Viscosität mit steigender Temperatur zunimmt. Vgl. Tabelle 227 und 228.

f) Der Einfluß von Elektrolyten auf die Viscosität.

Bei Zusatz von geringen Mengen Natronlauge zur Säure tritt eine erhebliche Viscositätssteigerung ein. Bei dem Natriumgehalt, bei dem alle direkt titrierbaren, also alle freien Carboxylgruppen, mit Natrium besetzt sind[2], liegt das Maximum der Viscosität (Tabelle 229 und Abb. 90). Ein weiterer Zusatz von Natronlauge setzt die Viscosität wieder herab, den gleichen Einfluß hat Natriumchlorid auf die Viscosität des Salzes. Im Sinne der oben entwickelten Vorstellungen ist dieser Einfluß darauf zurückzuführen, daß die Festlegung der Anionen durch interionische Kräfte gelöst wird. Die Säureanionen umgeben sich mit den Ionen des Elektrolyten. Dadurch werden die Einzelmoleküle des Salzes in der Lösung als solche isoliert und von Elektrolytmolekülen umhüllt, eine Wechselwirkung zwischen den Fadenionen kann nicht mehr stattfinden. So wird die Schwarmbildung bei genügendem Elektrolytzusatz aufgehoben. Den gleichen

---

[1] T.-A. = Temperaturabhängigkeit ist der Quotient η_{sp} bei 60° : η_{sp} bei 20°. Temperaturabhängigkeiten, deren Wert größer als 1 ist, bedeuten also steigende Viscosität mit steigender Temperatur, was im folgenden auch mit „positiver Temperaturabhängigkeit" bezeichnet wird. T.-A.-Werte kleiner als 1 bedeuten geringere spezifische Viscosität mit steigender Temperatur, auch als „negative Temperaturabhängigkeit" bezeichnet.

[2] Sind alle titrierbaren Carboxylgruppen neutralisiert, so bezeichnen wir die Konzentration des Natriums in der Lösung als 100%.

viscositätsherabsetzenden Einfluß auf die Natriumsalze wie Natronlauge hat auch Natriumchlorid. Angaben hierüber finden sich bei den Eukolloiden.

Setzt man dagegen zu Polyacrylsäure geringe Mengen Natriumchlorid oder Salzsäure zu, so wird auch hier die Viscosität stark vermindert. In etwas höheren

Tabelle 229. Viscosität der Säure P 8 mit steigenden Mengen NaOH.
Säurekonzentration 0,05 gd-mol. Temp. 20°.

Na in Proz.	η_{sp}	Na in Proz.[1]	η_{sp}
0	0,05	100	0,633
50	0,509	102,5	0,596
90	0,618	105	0,588
95	0,624	110	0,532
97,5	0,627	150	0,395

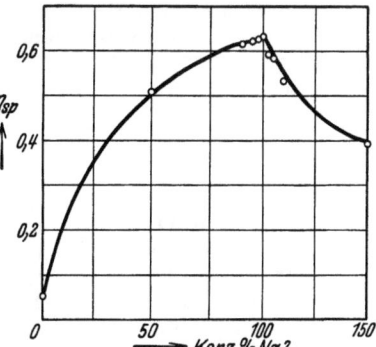

Abb. 90. Säure P 8 mit steigenden Mengen NaOH.

Konzentrationen, etwa in 0,5 molarer Kochsalzlösung, wird die Lösung trübe, es bildet sich eine Suspension. Nach einiger Zeit tritt Ausflockung ein. Größere Mengen Kochsalz wirken sofort koagulierend. Analoge Erscheinungen sind beim Eiweiß bekannt. Diese Phänomene sind wahrscheinlich damit zu erklären, daß Elektrolytzusatz die Ausbildung koordinativer Bindungen der Moleküle der freien Säure unter sich begünstigt. Es bilden sich dreidimensionale koordinative Moleküle, deren Größe so erheblich ist, daß sie nicht mehr gelöst werden können; infolgedessen tritt Ausflockung ein. Temperaturerhöhung wirkt sprengend auf die koordinativen Bindungen, die Suspension wird bei höherer Temperatur wieder aufgelöst. Dies macht sich durch eine stark positive Temperatur-

Tabelle 230. Viscosität der Säure P 8 0,25 gd-mol. in NaCl-Lösungen.

NaCl Konz. mol.	η_{sp} bei 20°	η_{sp} bei 60°	T.-A.[3]
0,0	0,265	0,278	1,05
1,0	0,172	0,211	1,23
2,0	0,068	0,088	1,29

abhängigkeit der Viscosität bemerkbar (vgl. Tabelle 230). Bei den Natriumsalzen der Polyacrylsäuren kann ein analoger Effekt nicht auftreten, weil hier koordinative Bindungen zwischen den Ionen nicht möglich sind. Deshalb sind sie im Gegensatz zu den Säuren durch Elektrolytzusatz nicht koagulierbar.

g) Polyacrylsaures Natrium im Überschuß von Natronlauge.

Alle diese merkwürdigen, vom Verhalten homöopolarer Molekülkolloide abweichenden Eigenschaften der Polyacrylsäure und ihrer Salze verschwinden, wenn sich die Moleküle des polyacrylsauren Natrium im großen Überschuß von Natronlauge befinden. Hier verhalten sich die Fadenionen ähnlich wie Fadenmoleküle homöopolarer Molekülkolloide in Lösung. Die η_{sp}/c-Werte sind in niedrigen Konzentrationen konstant und steigen erst in höheren Konzentrationen. Die Abhängigkeit der Viscosität von der Temperatur geht zurück. Dies zeigen vor allem die Messungen bei Eukolloiden, bei denen das abnorme Verhalten der

---

[1,2] Siehe Fußnote 2 auf S. 348.   [3] Siehe Fußnote 1 auf S. 348.

Säuren und Salze noch viel ausgeprägter ist als bei den Hemikolloiden, während sie sich in 2n-Natronlauge normal verhalten. Diese Ergebnisse der Messungen an Eukolloiden wurden auch bei den Hemikolloiden bestätigt gefunden, wie Tabelle 231 zeigt.

In 2n-Natronlauge liegen also die Bedingungen vor, unter denen die η_{sp}/c-Werte verschiedener Produkte vergleichbar sind.

Die Lösungen von Natriumsalzen der Polyacrylsäuren in Natronlauge sind viel weniger viscos als neutrale Lösungen von polyacrylsauren Salzen, da die Schwarmbildung in alkalischer Lösung im Gegensatz zur neutralen verhindert wird. Dieser Rückgang der Viscosität ist wiederum um so stärker, je höher das Molekulargewicht der Säure ist (vgl. Tabelle 232).

Tabelle 231. η_{sp}/c-Werte der Na-Salze der hemikolloiden Polyacrylsäuren in 2n-Natronlauge bei verschiedenen Konzentrationen und Temperaturen.

Durchschnitts-polymerisationsgrad	Konzentration in Gd-mol.	η_{sp}/c 20°	η_{sp}/c 60°
12—13	0,0539	1,6	1,6
	0,0733	1,7	1,6
	0,1	1,7	1,5
12—13	0,0439	1,9	2,0
	0,0613	1,9	1,9
	0,0798	1,9	1,9
	0,0894	2,0	1,9
15	0,076	2,0	2,0
	0,0838	2,0	2,0
17	0,0634	2,5	2,6
	0,0524	2,5	2,4
18	0,077	2,9	2,8
26	0,0443	3,4	3,4
	0,05	3,2	3,4
26	0,0425	3,3	3,3
	0,0511	3,4	3,4
38—42	0,0271	4,4	5,0
	0,0417	4,8	5,0
	0,0478	4,6	5,0

Dies zeigt nochmals, daß die hohen Viscositäten der Natriumsalze in neutraler Lösung teilweise durch Kräfte bedingt sind, die von der Länge der Ketten abhängig sind. Es sind dies interionische Kräfte, die zur Schwarmbildung führen. Vergleicht man die Viscositäten der Säuren in 0,1-gd-mol. Lösung aus Tabelle 226

Tabelle 232. η_{sp}/c-Werte von polyacrylsauren Natriumsalzen in neutraler Lösung und in 2n-Natronlauge.

Durchschnitts-polymerisationsgrad	Na-Salz 0,1 gd-mol.			Na-Salz 0,1 gd-mol.		
	neutral b	in 2n-NaOH 20° a	a/b	neutral d	in 2n-NaOH 60° c	c/d
12—13	9,9	1,66	0,17	9,2	1,54	0,17
	10,24	1,92	0,19	9,35	1,94	0,21
15	13,2	2,03	0,15	12,2	2,03	0,17
17	18,2	2,50	0,14	16,3	2,57	0,16
17	18,4	2,50	0,14	16,7	2,53	0,15
18	23,8	2,86	0,12	22,2	2,77	0,12
26	30,3	3,30	0,11	27,9	3,37	0,12
38—42	63,0	4,60	0,07	57,8	5,02	0,09

mit denen der Salze in 2n-Natronlauge in gleicher Konzentration (Tabelle 232), so sind diese annähernd gleich. Daraus kann man nicht folgern, daß auch in den Lösungen der Säuren normale Moleküle vorliegen, denn diese Übereinstimmung ist eine zufällige, da die η_{sp}/c-Werte der Säuren nicht konstant sind, sondern in weiten Grenzen variieren (Tabelle 224). Dagegen sind die η_{sp}/c-Werte der Salze in 2n-NaOH in verdünnter Lösung konstant (Tabelle 231); daraus kann man hier auf das Vorliegen von Molekülen schließen.

4. Beziehungen zwischen Viscosität und Molekulargewicht bei Hemikolloiden.

Da die η_{sp}/c-Werte der Polyacrylsäure in 2n-Natronlauge unabhängig von Konzentration und Temperatur in verdünnten Lösungen konstant sind, so kann man versuchen, hier Beziehungen zwischen Molekulargewicht und den η_{sp}/c-Werten aufzufinden. Berechnet man, wie in Tabelle 233 angegeben, den K_m-Wert der verschiedenen hemikolloiden Produkte, so erhält man als Durchschnittswert der Messungen $K_m = 2 \cdot 10^{-3}$. Bei der Berechnung der Viscositätsmessungen wurde davon abgesehen, die Endgruppen in den Ketten besonders zu berücksichtigen, obwohl diese bei kürzeren Ketten einen prozentual größeren Teil der Moleküle ausmachen als bei langen. Eine exakte Bestimmung erübrigt sich hier, da die Molekulargewichtsbestimmung durch die Lactontitration keine scharfen Werte liefert und deshalb diese Fehler nicht in Betracht kommen. Daß die Werte der K_m-Konstante sehr erheblich schwanken, ist zu verstehen, wenn man bedenkt, daß die vorliegenden Polyacrylsäuren unfraktionierte Gemische einer polymerhomologen Reihe sind[1].

Tabelle 233. Berechnung der K_m-Konstanten für Polyacrylsäure in 2n-Natronlauge.

Durchschnitts-Polymerisationsgrad	Durchschnitts-Mol.-Gew.	η_{sp}/c in 2n-NaOH	$K_m = \dfrac{\eta_{sp}/c}{M}$
12,7	915	1,66	$1,8 \cdot 10^{-3}$
12	865	1,92	2,2 ,,
17	1200	2,50	2,1 ,,
18	1300	2,86	2,2 ,,
26	1900	3,30	1,7 ,,
38—42	2700—3000	4,6	1,5—1,7 ,,

Auffällig ist der hohe Wert der Konstante mit $2 \cdot 10^{-3}$. Dies entspricht einer $K_{äqu}$-Konstante von $10 \cdot 10^{-4}$*. Der Wert der $K_{äqu}$-Konstante für homöopolare Moleküle ist um eine Zehnerpotenz kleiner, nämlich zu $0{,}85 \cdot 10^{-4}$** gefunden worden. Würde man mit Hilfe dieser Konstanten das Molekulargewicht der Polyacrylsäure berechnen, so ergäbe sich ein 10mal größeres Molekulargewicht, als es durch die Lactontitration gefunden wurde. Diese hohe K_m-Konstante bedeutet also, daß diese Stoffe mit relativ kurzen Fadenmolekülen schon sehr hochviscose Lösungen liefern, auch wenn die Schwarmbildung verhindert ist, wie es in diesen Lösungen bei Gegenwart von überschüssiger Natronlauge der Fall ist.

Würde man die η_{sp}/c-Werte, die für polyacrylsaures Natrium in neutraler Lösung gefunden wurden, der Berechnung des Molekulargewichtes zugrunde legen und für die Berechnung die für die homöopolaren Moleküle gefundene Beziehung $M = \eta_{sp}(\text{äqu})/0{,}85 \cdot 10^{-4}$** benutzen, so würden sich ungeheure Werte für das Molekulargewicht der Polyacrylsäure berechnen. Für einen η_{sp}/c-Wert von 60, wie er beispielsweise für das Natriumsalz vom Polymerisationsgrad 40 (Molekulargewicht 2900) gefunden wurde, ergäbe sich ein Molekulargewicht von 350000 entsprechend einem Polymerisationsgrad von 5000. Hieraus geht hervor, daß man nicht ohne weiteres aus einer hohen Viscosität der Lösung auf ein hohes

---

[1] Die Fraktionierung der Gemische, die zur Erzielung einwandfreier Ergebnisse durchgeführt werden müßte, stößt bei diesen Produkten auf Schwierigkeiten.
* Das Grundmolekül der Polyacrylsäure enthält 2 Ketten-C-Atome.
** STAUDINGER, H.: Ber. Dtsch. Chem. Ges. **65**, 267 (1932). Vgl. S. 68.

Molekulargewicht schließen darf; man muß vielmehr bei der Beurteilung des Molekulargewichtes auf Grund von Viscositätsmessungen außerordentlich vorsichtig vorgehen und den Bau der Teilchen erst durch chemische Untersuchungen aufklären.

III. Viscositätsmessungen an niedermolekularen Polycarbonsäuren.

Die Viscositäten des polyacrylsauren Natriums in 2n-Natronlauge, also unter Bedingungen, unter denen die Moleküle isoliert sind, ergaben eine im Vergleich zu den homöopolaren Molekülkolloiden abnorm hohe K_m-Konstante. Da die Bestimmung des Polymerisationsgrades der Polyacrylsäuren durch Titration evtl. ungenaue Werte ergibt, war es wichtig, diese Konstante, die die Ermittlung des Molekulargewichts der Eukolloide ermöglichen sollte, noch auf andere Weise nachzuprüfen. Deshalb wurden Viscositätsmessungen an einfachen Polycarbonsäuren vorgenommen, um zu erfahren, ob man bei diesen Stoffen bekannter Konstitution die gleichen abnormen Viscositätserscheinungen beobachtet. Wichtig ist, daß man bei diesen Untersuchungen die Viscositäten der Polycarbonsäureester bekannter Konstitution mit der von Säuren, Natriumsalzen und Natriumsalzen in überschüssiger Natronlauge vergleichen kann. Die Viscositäten der Ester lassen sich nach der Formel[1] $\eta_{sp}(1{,}4\%) = x + ny$* berechnen. Dieser berechnete Wert stimmt, wie Tabelle 234 zeigt, mit dem bei der Messung der Ester in Butylacetat gefundenen der Größenordnung nach überein. Unstimmigkeiten dürften darauf zurückzuführen sein, daß die Moleküle dieser Ester keine ausgesprochene Fadenform besitzen[2].

Tabelle 234. Ester von Polycarbonsäuren in Butylacetat.

	η_{sp} (1,4%) berechnet	η_{sp} (1,4%) 20°	gefunden 60°
Bernsteinsäure-dimethylester	0,0128	0,0153	0,0109
Glutarsäure-diäthylester	0,0176	0,0146	0,0116
Adipinsäure-diäthylester	0,0192	0,019	0,014
Pentan-1,3,5-tricarbonsäure-triäthylester	0,0208	0,0235	0,020
Pentan-1,3,5-hexacarbonsäure-hexaäthylester	0,0208	0,0272	0,0215

Ganz andere Resultate ergaben die Viscositätsmessungen an Polycarbonsäuren und ihren Salzen. Die Viscosität der Säuren wurde unter der Annahme, daß einfache Moleküle vorliegen, nach derselben Formel wie bei den Estern $\eta_{sp}(1{,}4\%) = 1{,}6 \cdot 10^{-3} \cdot n$ (n = Zahl der Atome in der Kette) berechnet[3]. Tatsächlich ist die Viscosität der Säuren erheblich größer als der berechnete Wert

---

[1] STAUDINGER, H., u. EIJI OCHIAI: Ztschr. f. physik. Ch. (A) **158**, 43 (1931). Vgl. Formel (11) S. 61.

* n = Zahl der Kettenkohlenstoffatome,

  y = Viscositätsbetrag eines C-Atoms resp. einer CH_2-Gruppe in 1,4proz. Lösung $= 1{,}6 \cdot 10^{-3}$,

  x = Viscositätsbetrag der O-Atome in 1,4proz. Lösung, für Butylacetat als Lösungsmittel nicht bekannt. Es wurde deshalb für jedes O-Atom in der Kette der Betrag für eine CH_2-Gruppe eingesetzt, so daß die Gleichung lautet: $\eta_{sp}(1{,}4\%) = 1{,}6 \cdot 10^{-3} \cdot n$ (n = Zahl der Atome in der Kette).

[2] Diese Abweichungen von den berechneten Werten sind von besonderem Interesse, da man aus ihnen evtl. auf die Gestalt der Moleküle schließen kann.

[3] $1{,}6 \cdot 10^{-3} = y$; ein besonderer Wert für die O-Atome wurde auch hier nicht angesetzt; es wurden vielmehr die O-Atome als Kettenatome gezählt.

(vgl. Tabelle 235). Es liegen also hier keine einfachen Fadenmoleküle vor, sondern es sind wie bei den Fettsäuren koordinative Bindungen zwischen den Molekülen eingetreten. Noch höher ist die Viscosität der Salze; im Überschuß von Natronlauge sinkt die Viscosität wieder. Sie ist aber immer noch größer als

Tabelle 235. **Polycarbonsäuren und Salze in Wasser und 2n-Natronlauge.**

	η_{sp} (1,4%) berechnet	η_{sp} (1,4%) gefunden					
		Säure		Na-Salz		in 2n-NaOH	
		20°	60°	20°	60°	20°	60°
Bernsteinsäure .	0,0096	0,024	0,021	0,045	0,042	0,027	0,025
Glutarsäure . .	0,0112	0,028	0,025	0,076	0,068	0,039	0,034
Adipinsäure . .	0,0128					0,046	0,038
Pentan-1,3,5-tricarbonsäure	0,0144	0,031	0,027	0,084	0,079	0,045	0,038

die Viscosität der Säuren[1] (vgl. Tabelle 235). Man trifft hier also dieselben Verhältnisse wie bei der Polyacrylsäure; nur ist hier der Unterschied der Viscosität in neutraler und alkalischer Lösung nicht so beträchtlich wie bei den viel höhermolekularen Polyacrylsäuren (vgl. Tabelle 236).

Tabelle 236. **Spezifische Viscositäten der Salze von Polycarbonsäuren in neutraler und alkalischer Lösung.**

	η_{sp} (1,4%) bei 20°		a/b
	neutral b	in 2n-NaOH a	
Polyacrylsaures Natrium P 40	12,3	0,9	0,07
Polyacrylsaures Natrium P 12	1,93	0,32	0,17
Na-Salz der Pentan-1,3,5-tricarbonsäure . . .	0,084	0,045	0,53
Glutarsaures Natrium	0,076	0,039	0,51

Das vorliegende Zahlenmaterial genügt nicht, um aus den Viscositätsmessungen an niedermolekularen Polycarbonsäuren die Größe der Konstante der Polyacrylsäure berechnen zu können. Die Messungen zeigen aber, daß die $K_{äqu}$-Konstante der Salze einen wesentlich höheren Wert haben muß als die von homöopolaren Verbindungen.

IV. Eukolloide Polyacrylsäuren.

1. Der Einfluß von Sauerstoff auf die Polymerisation von Acrylsäure.

Eukolloide Polyacrylsäuren entstehen bei der Polymerisation von reiner Acrylsäure, ebenfalls beim Erhitzen wässeriger Lösungen in Gegenwart von geringen Mengen von Katalysatoren.

Ganz reine Acrylsäure, die unter Anwendung von völlig peroxydfreiem Äther hergestellt ist, polymerisiert in sauerstoffreier wässeriger Lösung in Stickstoff- oder Kohlendioxydatmosphäre auch beim langen Erhitzen auf höhere Temperaturen nicht (vgl. Tabelle 237). Analoge Beobachtungen wurden von A. SCHWALBACH[2] gemacht, der unter völligem Luftausschluß reines Vinylacetat tagelang

---
[1] Die solvatisierten Na-Ionen wirken kettenverlängernd.
[2] STAUDINGER, H., u. A. SCHWALBACH: Liebigs Ann. **488**, 32 (1931).

auf 150° erhitzte, ohne daß Polymerisation eintrat. Reine unverdünnte Acrylsäure polymerisiert dagegen beim Erhitzen immer.

Tabelle 237. Polymerisationsversuche mit peroxydfreier Acrylsäure in wässeriger Lösung ohne Katalysator.

Acrylsäure Konz.	Temperatur	Dauer	Gasfüllung	t_2/t_1
15 mol.	100°	11 Tage	N_2	1,00
1 mol.	100°	11 „	CO_2	1,01
1 mol.	100°	11 „	N_2	1,01
1 mol.	150°	11 „	N_2	1,00
1 mol.	180—200°	11 „	N_2	1,00
1 mol.	180°	11 „	N_2	1,07

t_2 = Ausflußzeit der Lösung nach 11 tägigem Erhitzen.
t_1 = Ausflußzeit der Lösung vor Beginn des Erhitzens.
BAYERsche Probe stets positiv.

2. Herstellung der Eukolloide.

Die durch Erhitzen unverdünnter Acrylsäure erhaltenen eukolloiden Polymerisationsprodukte sind glas- oder porzellanartige inhomogene Massen. Ihre Eigenschaften sind von mancherlei Zufälligkeiten, wie der Polymerisationsgeschwindigkeit und dem Auftreten örtlicher Überhitzungen, abhängig und schwer zu reproduzieren[1]. Außerdem sind diese Produkte nur teilweise und schwer löslich; mit Wasser quellen sie in der Regel nur, ohne sich zu lösen.

Die für die nachfolgenden Viscositätsuntersuchungen verwendeten Säuren wurden durch Polymerisation von peroxydhaltiger Acrylsäure — der Peroxydgehalt stammt aus dem bei der Herstellung verwendeten Äther — in wässeriger Lösung erhalten. Da der Peroxydgehalt schwer abzumessen ist, war es wichtig, daß für alle folgenden Polymerisationsversuche ein und dieselbe Acrylsäure verwendet wurde. Der Polymerisationsgrad der auf diese Weise herstellbaren Produkte ist von der Konzentration der verwendeten Lösung abhängig (Tabelle 238).

Tabelle 238. Polymerisation von peroxydhaltiger Acrylsäure in wässeriger Lösung in Bombenröhren bei 100°.

Acrylsäure Konz.	Erhitzungsdauer	η_{sp} (Gf. 1000) in 0,5 gd-mol. Lösung	Durchschnittspolymerisationsgrad	Durchschnittsmolekulargewicht
1 mol.	11 Tage	8,7	90	6500
2 mol.	11 „	15,5	115	8300
4 mol.	11 „	20,7	140	10000

Je verdünnter die Lösungen sind, desto geringer ist das Molekulargewicht der entstehenden Produkte. Diese Erscheinung ist auch bei anderen Polymerisationen in Lösung, beispielsweise der des Indens[2] beobachtet worden. Aus den erhaltenen hochviscosen Lösungen wurde durch Verdampfen des Wassers im Vakuum die polymere Säure gewonnen.

---

[1] STAUDINGER, H., u. H. W. KOHLSCHÜTTER: Ber. Dtsch. Chem. Ges. **64**, 2092 (1931).
[2] STAUDINGER, H., A. A. ASHDOWN, M. BRUNNER, H. A. BRUSON u. S. WEHRLI: Helv. chim. Acta **12**, 934 (1929).

3. Eigenschaften der eukolloiden Polyacrylsäuren.

Diese eukolloiden Polyacrylsäuren halten ihr Lösungsmittel, das Wasser, sehr fest gebunden. Nur durch mehrere Monate langes Trocknen im Hochvakuum bei 60° gelingt es, sie einigermaßen wasserfrei zu erhalten. Sie sind harte, völlig klare, farblose Gläser und Filme. Es ist nicht möglich, sie zu pulverisieren.

Diese Säuren, die nach ihrem Polymerisationsgrad mit P 140, P 115 und P 90 bezeichnet werden, geben schon in geringer Konzentration hochviscose Lösungen, welche starke Abweichungen vom HAGEN-POISEUILLEschen Gesetz zeigen. Die wässerigen Lösungen dieser eukolloiden Polyacrylsäuren werden von Sauerstoff nicht angegriffen. Ihre Viscosität bleibt auch beim Schütteln mit Luft unverändert. Nur in Gegenwart von metallischem Kupfer tritt ein oxydativer Abbau der Moleküle ein. Die Natriumsalze dieser Säuren sind jedoch sehr sauerstoffempfindlich. Ihre Viscosität sinkt auf einen Bruchteil, wenn man sie mit Luft schüttelt (vgl. Tabelle 239).

Tabelle 239. **Der Einfluß von Sauerstoff auf die Viscosität der Lösungen von Polyacrylsäure und polyacrylsaurem Natrium.**

		Spezifische Viscositäten		
	der ursprünglichen Lösung	71 Stunden geschüttelt		4 Tage über Cu stehen gelassen
		in Stickstoff	in Luft	
Säure P 140	4,06	4,15	4,13	2,56
Säure P 115	2,76	2,78	2,82	0,77
Na-Salz P 140	83,0	79,6	32,7	22,2
Na-Salz P 115	44,0	43,0	27,0	8,45

Wichtig ist, daß die Lösungen der Polyacrylsäure und ihrer Salze durch Schütteln keine Veränderung ihrer Viscosität erleiden, also nicht tixotrop sind. Diese Unempfindlichkeit gegen mechanische Einflüsse ist, wie beim Polystyrol[1], die wesentliche Voraussetzung für Viscositätsuntersuchungen, welche das Auffinden eines Zusammenhanges zwischen Viscosität und Molekulargewicht zum Ziel haben.

4. Viscositätsuntersuchungen an Eukolloiden.

a) Methodisches.

Viscositäten, welche stark mit der Fließgeschwindigkeit variieren, können bei gleichem mittleren Geschwindigkeitsgefälle miteinander verglichen werden[2]. Die direkte Messung bei gleichem Geschwindigkeitsgefälle läßt sich praktisch nur sehr unbequem erfüllen. Es ist aber leicht, aus der gemessenen Abhängigkeit der Viscosität von der Fließgeschwindigkeit die Viscositäten für gleiche Geschwindigkeitsgefälle zu ermitteln. Es geschieht dies, indem man die gemessenen Viscositäten in Abhängigkeit von dem Geschwindigkeitsgefälle graphisch aufträgt, die Punkte durch eine Kurve verbindet und dann für jedes beliebige Geschwindigkeitsgefälle zwischen den Meßpunkten auf der Kurve die dazugehörigen Viscositäten abliest. Die Berechnung des Geschwindigkeitsgefälles (Gf.) geschieht nach der von KRÖPELIN[3] angegebenen Gleichung:

$$\text{Gf.} = \frac{8v}{3 \pi R^3 t}$$

---
[1] STAUDINGER, H., u. K. FREY: Ber. Dtsch. Chem. Ges. **62**, 2909 (1929).
[2] Es ist allerdings noch zu untersuchen, ob unter diesen Bedingungen wirklich vergleichbare Zustände vorliegen. Vgl. S. 190.
[3] KRÖPELIN, H.: Ber. Dtsch. Chem. Ges. **62**, 3056 (1929).

(v = durch das Viscosimeter fließende Flüssigkeitsmenge, R = Capillarenradius, t = Ausflußzeit).

Die Messungen wurden in UBBELOHDEschen und kleinen OSTWALDschen Viscosimetern mit verschiedenen Capillarenweiten ausgeführt. Die Bestimmung des Drucks für die Ubbelohdemessungen geschah mit Hilfe eines Quecksilbermanometers; für Drucke von weniger als 10 cm Quecksilber wurde ein Wassermanometer benutzt.

Die KRÖPELINsche Formel zur Berechnung des Geschwindigkeitsgefälles ist ohne weiteres nur für Ubbelohdemessungen anwendbar, da hier das Geschwindigkeitsgefälle während der ganzen Messung praktisch konstant bleibt. Im OSTWALDschen Viscosimeter dagegen sinkt das Geschwindigkeitsgefälle mit dem geringer werdenden hydrostatischen Druck. Bei der Berechnung des Geschwindigkeitsgefälles nach der KRÖPELINschen Formel erhält man einen Mittelwert, welcher aber für einen Vergleich von Ostwald- und Ubbelohdeviscositäten richtige Werte liefert. Die im OSTWALDschen Viscosimeter gemessene Viscosität liegt auf der für die Ubbelohdeviscositäten ermittelten Kurve (vgl. Abb. 103).

Die Umrechnung auf gleiches Geschwindigkeitsgefälle ist notwendig, weil wegen der Größe der Abweichungen vom HAGEN-POISEUILLEschen Gesetz ein Vergleich der Viscositäten bei gleichem Druck ein falsches Bild gibt, was an folgendem Beispiel gezeigt sei.

In der Tabelle 240 sind die spez. Viscositäten einer Lösung von polyacrylsaurem Natrium bei gleichen Drucken und bei gleichen Geschwindigkeitsgefällen für 20 und 60° zusammengestellt[1].

Tabelle 240.

Spezifische Viscositäten bei gleichem Druck			Spezifische Viscositäten bei gleichem Gf.		
cm Hg	20°	60°	Gf.	20°	60°
15	42,9	38,2	250	36,0	39,5
30	31,3	29,0	500	28,2	34,1
60	21,2	20,2	1000	21,4	26,8

Man erkennt, daß die Temperaturabhängigkeit in Wirklichkeit, d. h. bei gleichem Geschwindigkeitsgefälle verglichen, stark positiv ist, beim Vergleich bei gleichen Drucken aber negativ erscheint.

Vergleichbare Werte stellen nur die spez. Viscositäten dar. Will man beispielsweise die Größe der Abweichungen vom HAGEN-POISEUILLEschen Gesetz bei verschiedenen Konzentrationen miteinander vergleichen, so erhält man, vor allem für niedrige Viscositäten, beim Vergleich relativer und spez. Viscositäten ein ganz verschiedenes Bild. Der unveränderliche Summand 1, der in der relativen Viscosität enthalten ist ($\eta_r = \eta_{sp} + 1$), verdeckt bei geringen Viscositäten große Abweichungen der η_{sp}-Werte. Tabelle 241 zeigt, daß die spez. Viscositäten

Tabelle 241. Änderung der Viscosität mit dem Gf.

Konzentration in Gd-mol.	Relative Viscositäten			Spezifische Viscositäten		
	bei Gf.		η_r (Gf. 2000)	bei Gf.		η_{sp} (Gf. 2000)
	2000	7000	η_r (Gf. 7000)	2000	7000	η_{sp} (Gf. 7000)
0,0025	1,48	1,31	1,13	0,48	0,31	1,55
0,1	4,25	3,7	1,15	3,25	2,7	1,20

[1] Vgl. dazu die Ausführungen über die Temperaturabhängigkeit des Eupolystyrols S. 208.

der Polyacrylsäure in starker Verdünnung größere Abweichungen vom HAGEN-POISEUILLEschen Gesetz zeigen als in hohen Konzentrationen. Beim Vergleich der relativen Viscositäten treten diese Unterschiede nicht hervor.

b) **Die Abweichungen der Viscosität der Eukolloide vom HAGEN-POISEUILLEschen Gesetz.**

Zum Unterschied von den Hemikolloiden zeigen die eukolloiden Polyacrylsäuren mit steigendem Molekulargewicht größer werdende Abweichungen vom HAGEN-POISEUILLEschen Gesetz. Die Größe der Abweichungen ist bei Säure und Salz nicht gleich, obwohl sie gleiche Kettenlänge haben. Während die Natriumsalze in allen Konzentrationen sehr starke Abweichungen zeigen, sind bei den Säuren mit Ausnahme der sehr geringen Konzentrationen viel kleinere Abweichungen vorhanden. Nur in niedrigen Konzentrationen sind die Viscositäten der Säuren so stark vom Geschwindigkeitsgefälle abhängig wie die der Salze. Ein Beispiel gibt Tabelle 242[1]. Da in sehr verdünnter Lösung die Ionisation am größten ist, so zeigt dieser Zusammenhang, daß die Abweichungen vom HAGEN-POISEUILLEschen Gesetz von der Ionisation der Moleküle abhängig sind und durch interionische Kräfte — also durch die Schwarmbildung der Fadenionen — hervorgerufen werden. Das in allen Konzentrationen stark dissoziierte Natriumsalz zeigt stets sehr große Abweichungen. Die Säure zeigt Abweichungen dieser Größe nur in großer Verdünnung, wo auch sie weitgehend ionisiert ist. Mit steigender Konzentration gehen bei der Säure Dissoziation und damit die Abweichungen vom HAGEN-POISEUILLEschen Gesetz zurück.

Tabelle 242. Abhängigkeit der Viscosität der Säure P 140 und ihres Natriumsalzes vom Gf.

Konzentration in Gd-mol.	Spezifische Viscositäten bei Gf.		$\frac{\eta_{sp} \text{ (Gf. 500)}}{\eta_{sp} \text{ (Gf. 1500)}}$
	500	1500	
Säure P 140.			
0,0025	0,98	0,56	1,75
0,0535	2,4	2,14	1,12
0,5	21,8	19,8	1,10
0,612	41,6	34,7	1,20
Na-Salz P 140.			
0,0025	2,92	1,73	1,69
0,09	45,6	27,9	1,64

Die Abweichungen vom HAGEN-POISEUILLEschen Gesetz treten also immer im Gebiet besonders hoher η_{sp}/c-Werte auf. Bei homöopolaren Molekülkolloiden werden in verdünnten Lösungen nur dann hohe η_{sp}/c-Werte beobachtet, wenn die Moleküllänge groß ist. Bei heteropolaren Molekülkolloiden hat man bei ein und demselben Stoff wechselnde η_{sp}/c-Werte, je nachdem sich dieses Produkt im dissoziierten oder undissoziierten Zustand befindet. Die hohe Viscosität beruht hier auf der Schwarmbildung der Fadenionen infolge der interionischen Kräfte. Bei genügender Länge der Fadenionen (von ca. 150 Å an) tritt so gewissermaßen eine Strukturierung in der Lösung ein, da die interionische Kraft von einem Fadenion auf benachbarte und von diesen wieder auf weitere Fadenionen wirksam ist. Die so bewirkte Festlegung der Fadenionen wird durch die mechanische Bewegung zerstört. Zum Unterschied von den homöopolaren Molekülkolloiden treten hier schon bedeutende Abweichungen vom HAGEN-POISEUILLEschen Gesetz bei relativ geringer Kettenlänge ein. Bei jenen sind stärkere Abweichungen erst bei einer Kettenlänge von 3500 Å[2] vorhanden, während

---

[1] Vgl. auch Tabellen 262 bis 265.   [2] Vgl. S. 185 u. 188.

die Abweichungen bei der Polyacrylsäure von einer Kettenlänge von etwa 300 Å an schon sehr erheblich sein können. Es sind bei zehnfach kürzeren Ketten hier schon Abweichungen vorhanden, welche die der homöopolaren Molekülkolloide bei weitem übertreffen.

Die anormalen Viscositätserscheinungen, welche durch die Größe der Fadenmoleküle hervorgerufen werden, wurden als *makromolekulare Viscositätserscheinungen* bezeichnet. Die anormalen Viscositätserscheinungen, die hier durch interionische Kräfte zwischen den polywertigen Fadenionen bedingt sind, kann man als „*polyionische Viscositätserscheinungen*" bezeichnen oder auch als Viscositätsanomalien infolge Schwarmbildung.

c) **Der Einfluß der Temperatur auf die Viscosität der Eukolloide.**

Die Viscosität der eukolloiden Säuren ist wie die der hemikolloiden bei 60° höher als bei 20°; die Temperaturabhängigkeit ist hier noch erheblicher (vgl. Tabelle 243). Die Erklärung ist hier dieselbe wie bei den Hemikolloiden. Bei Temperaturerhöhung nimmt die Dissoziation und so die Wirkung der interionischen Kräfte zwischen den Fadenanionen zu.

Tabelle 243. **Die Viscosität der eukolloiden Säuren bei 20 und 60°.**

Konzentration 0,5 gd-mol.	Spezifische Viscosität bei Gf. 1000		T.-A.[1]
	20°	60°	
Säure P 140 ..	21,8	28,2	1,29
Säure P 115 ..	15,5	19,1	1,23
Säure P 90 ..	8,7	10,45	1,20

Tabelle 244. **Die Viscosität der eukolloiden Natriumsalze bei 20 und 60°.**

Konzentration 0,05 gd-mol.	Spezifische Viscosität bei Gf. 1500		T.-A.[1]
	20°	60°	
Na-Salz P 140 .	18,8	23,15	1,23
Na-Salz P 115 .	14,1	16,8	1,19
Na-Salz P 90 .	11,25	12,2	1,08

Die eukolloiden polyacrylsauren Natriumsalze sind ebenfalls positiv temperaturabhängig (vgl. Tabelle 244), allerdings nicht so stark wie die Säuren. Sie unterscheiden sich hierin von den Hemikolloiden, deren Salze negativ temperaturabhängig sind. Gleiche Beobachtungen wurden bei den Polystyrolen gemacht; auch dort zeigen die Eukolloide positive, die Hemikolloide negative Temperaturabhängigkeit[2].

d) **Der Einfluß der Temperatur auf die Abweichungen vom HAGEN-POISEUILLEschen Gesetz.**

Charakteristisch für die Säuren ist, daß die Abweichungen vom HAGEN-POISEUILLEschen Gesetz bei 60° ebenso groß oder größer sind als bei 20°, während bei den Natriumsalzen das Umgekehrte der Fall ist. Die Kurven in Abb. 91, welche die Viscosität in Abhängigkeit vom Geschwindigkeitsgefälle darstellen, zeigen dies deutlich. Im Gegensatz zu den Kurven der Säuren nähern sich die 20- und 60°-Kurven des Natriumsalzes einander, da das Natriumsalz bei 60° geringere Abweichungen vom HAGEN-POISEUILLEschen Gesetz zeigt als bei 20°.

Einen ganz ähnlichen Kurvenverlauf wie beim Natriumsalz findet man auch

---
[1] Vgl. Anm. von Tabelle 227.
[2] Vgl. die Ausführungen dazu S. 206.

beim Eupolystyrol. Bei 60° ist die Viscosität bei hohem Geschwindigkeitsgefälle größer als bei 20°. Bei 20° tritt infolge der geringeren Wärmebewegung leichter eine Ordnung der Fadenmoleküle ein, infolgedessen ist die Viscosität geringer als bei 60°. Dagegen verschwinden die Unterschiede bei sehr kleinem Geschwindigkeitsgefälle, wo die ordnende Kraft auf die Moleküle gering ist. Bei kleinem Geschwindigkeitsgefälle zeigen die Natriumsalze keine positive Temperaturabhängigkeit mehr. Bei den Säuren tritt bei 60° eine zunehmende Dissoziation auf. Deshalb sind sie auch bei kleinem Geschwindigkeitsgefälle bei 60° höherviscos als bei 20°; die 60- und 20°-Kurven nähern sich auch bei geringen Fließgeschwindigkeiten einander nicht.

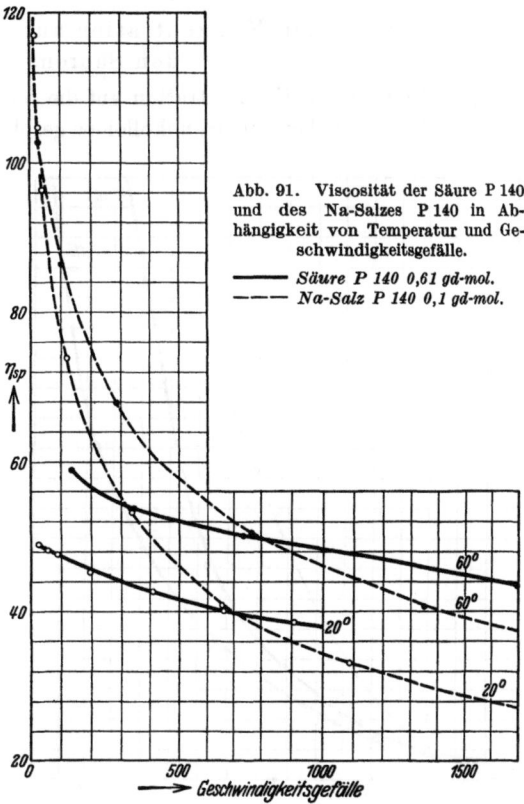

Abb. 91. Viscosität der Säure P 140 und des Na-Salzes P 140 in Abhängigkeit von Temperatur und Geschwindigkeitsgefälle.

—— *Säure P 140 0,61 gd-mol.*
– – – *Na-Salz P 140 0,1 gd-mol.*

Tabelle 245. Die Viscosität der Säuren in verschiedenen Konzentrationen. Messungen in OSTWALDschen Viscosimetern bei 20°.

Säure P 140.   *Säure P 115.*

Konzentration in Gd-mol.	η_{sp}	η_{sp}/c	Gf.	Konzentration in Gd-mol.	η_{sp}	η_{sp}/c	Gf.
0,001	0,64	640	448	0,001	0,41	410	518
0,003	0,96	320	375	0,003	0,79	263	410
0,006	1,31	218	318	0,006	0,975	162,5	372
0,01	1,48	148	297	0,01	1,22	122	332
0,02	1,77	88,5	266	0,015	1,34	89,4	314
0,03	2,06	68,7	240	0,02	1,495	74,8	295
0,04	2,25	56,3	226	0,025	1,63	65,2	280
0,06	2,53	42,2	208	0,03	1,72	57,4	270
0,093	3,04	32,7	267	0,04	1,85	46,2	258
0,2055	5,06	24,6	178	0,05	2,02	40,4	244
0,317	9,23	29,1	105	0,075	2,335	31,2	220
0,412	15,45	37,5	65,5	0,1	2,74	27,4	196
0,51	26,2	51,4	39,7	0,15	3,37	22,5	247
0,535	28,7	53,7	36,3	0,2	4,46	22,3	197
0,575	40,8	71,0	26,5	0,2406	5,38	22,4	169
0,61	53,0	87,0	20,0	0,335	8,26	24,6	116
0,74	104,7	141,5	9,97	0,514	19,1	37,2	53,7
0,818	160,5	196,2	6,67	0,73	44,4	60,9	23,7
				0,778	60,8	78,2	17,4
				0,818	75,8	92,7	14,0

e) Der Einfluß der Konzentration auf die Viscosität der eukolloiden Säuren.

Der Einfluß der Konzentration auf die Viscosität der Säuren ist qualitativ der gleiche, wie er bei den Hemikolloiden geschildert worden ist. Quantitativ ist das Bild jedoch von dem der Hemikolloide sehr verschieden, wie schon bei Betrachtung der Kurven in Abb. 92 und 93 hervorgeht.

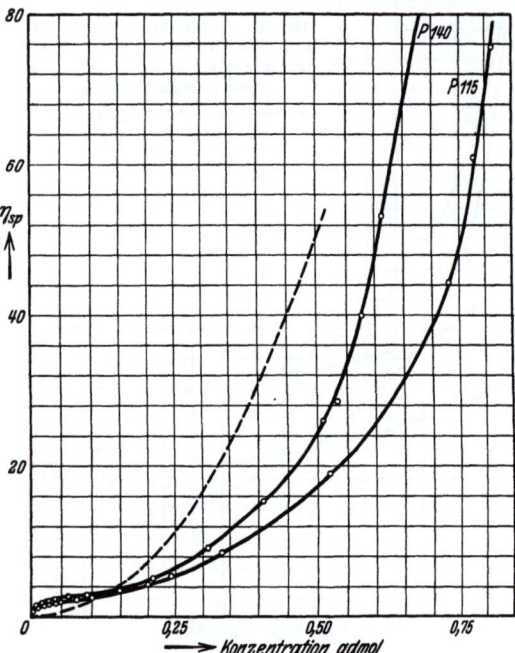

Abb. 92. Viscositätskonzentrationskurven der eukolloiden Säuren. (- - - Kurve für Polystyrol vom Durchschnittsmolekulargewicht 120000. Nach W. HEUER.)

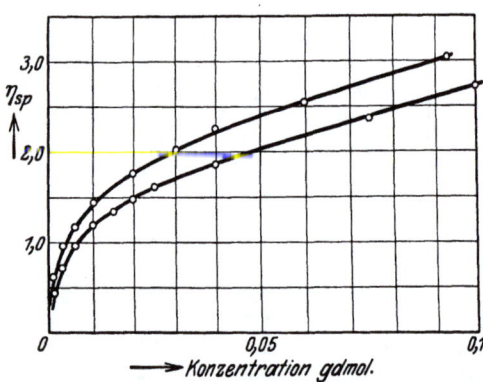

Abb. 93. Viscositätskonzentrationskurven der eukolloiden Säuren im stark verdünnten Gebiet. (Ausschnitt aus Abb. 92.)

Eine Änderung des Dissoziationsgrades der Säure bewirkt hier besonders große Viscositätsunterschiede, weil die Festlegung der Fadenionen in der Lösung durch interionische Kräfte wegen der Länge der Säureanionen besonders ausgeprägt ist. Deshalb beobachtet man im ganz verdünnten Gebiet ungewöhnlich hohe Viscositäten und entsprechende η_{sp}/c-Werte der dissoziierten Säure (vgl. Tabelle 245 und Abb. 94).

Es folgt dann ein flacherer Kurvenverlauf. Im konzentrierten Gebiet steigt die Viscosität, wie bei homöopolaren Molekülkolloiden beim Übergang in die

Tabelle 246. Spezifische Viscositäten der Säure P 140 bei einem Geschwindigkeitsgefälle von 1000.

Konzentration in Gd-mol.	η_{sp}	η_{sp}/c
0,0025	0,72	288
0,0535	2,23	41,7
0,5	20,7	41,4
0,61	37,6	61,7

Gellösung, wieder an. Entsprechend wachsen auch die η_{sp}/c-Werte nach Durchlaufen eines Minimums. Den charakteristischen Verlauf der η_{sp}/c-Konzentrationskurve zeigt Abb. 94.

Die Messung der Konzentrationsreihe wurde in OSTWALDschen Viscosimetern, also bei je nach der Konzentration wechselndem Geschwindigkeitsgefälle, ausgeführt. Ein exakter Vergleich ist nur bei Viscositäten möglich, die bei gleichem Geschwindigkeitsgefälle, also im UBBELOHDEschen Viscosimeter, gemessen sind. Wegen der wesentlich größeren Meßgenauigkeit wurde hier die Benutzung des OSTWALDschen Viscosimeters vorgezogen. Das so erhaltene Bild entspricht dem bei der Messung bei gleichem Geschwindigkeitsgefälle erhaltenen, wie Tabelle 246 zeigt.

f) **Der Einfluß der Konzentration auf die Viscosität der eukolloiden Natriumsalze.**

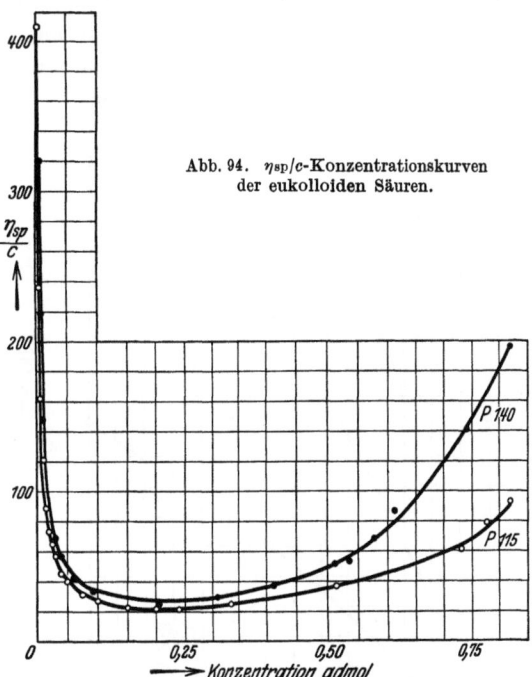

Abb. 94. η_{sp}/c-Konzentrationskurven der eukolloiden Säuren.

Die Viscositätskonzentrationskurven der eukolloiden Natriumsalze für gleiches Geschwindigkeitsgefälle sind in Abb. 95 wiedergegeben. Wegen der großen Abhängigkeit der Viscosität vom Geschwindigkeitsgefälle ist der Kurvenverlauf ein sehr steiler oder mehr flacher, je nachdem, bei welchem Geschwindigkeitsgefälle die Viscositäten gemessen wurden. Der η_{sp}-Wert beim Geschwindigkeitsgefälle 15000 beträgt bei dem Natriumsalz P 140 weniger als den dreizehnten Teil des jenigen beim Geschwindigkeitsgefälle 7,6 (s. Tabelle 247). Der Verlauf der Kurven

Tabelle 247.
Die Viscosität der eukolloiden Natriumsalze in verschiedenen Konzentrationen.
Gemessen bei 20°.

	94% Na-Salz P 140						94% Na-Salz P 115				
Konz. gd-mol.	Gf. 7,6		Gf. 1500		Gf. 15000		Konz. gd-mol.	Gf. 11,9		Gf. 1500	
	η_{sp}	η_{sp}/c	η_{sp}	η_{sp}/c	η_{sp}	η_{sp}/c		η_{sp}	η_{sp}/c	η_{sp}	η_{sp}/c
0,002	7,95	3970	2,12	1060	0,6	300	0,001	2,50	2500	0,74	740
0,005	17,45	3490	4,64	929	0,14	280	0,0025	6,09	2440	1,81	724
0,008	26,1	3260	6,95	870	1,97	246	0,005	10,9	2180	3,24	648
0,01	28,7	2870	7,62	762	2,16	216	0,0075	14,6	1950	4,32	577
0,02	50,4	2520	13,4	670	3,8	190	0,01	18,4	1840	5,45	545
0,05	98,0	1960	26,0	520	7,39	148	0,025	34,6	1380	10,3	412
0,075	131	1750	34,9	466	9,88	132	0,05	53,1	1061	15,8	316
0,09	141	1570	37,8	429	10,63	118	0,075	70,8	945	21,0	280
0,1	159	1590	42,5	425	11,98	120	0,1	84,4	844	25,1	251
							0,107	89,5	830	26,6	248
							0,1142	92,0	805	27,3	239

in Abb. 95 und der η_{sp}/c-Werte in Abb. 96 ist dem der Hemikolloide völlig analog, deshalb erübrigt sich hier ein nochmaliges Eingehen auf diese Erscheinung. Der

Vergleich mit dem Polystyrol in Abb. 96 zeigt wieder, wie völlig verschieden sich homöopolare und heteropolare Molekülkolloide verhalten.

Die Viscositätsmessungen der Natriumsalze in verschiedenen Konzentrationen wurden im OSTWALDschen Viscosimeter, also bei verschiedenen Geschwindigkeitsgefällen, ausgeführt. Die Umrechnung der Viscositäten auf gleiches Geschwindigkeitsgefälle ist hier möglich, da die Abweichungen vom HAGEN-

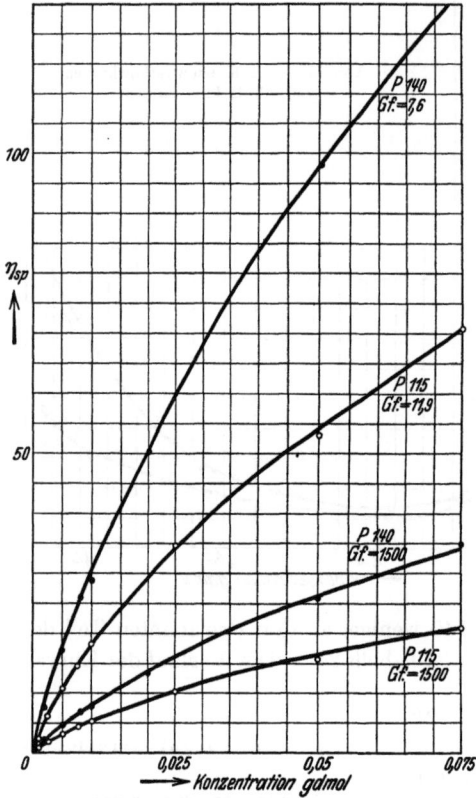

Abb. 95. Viscositätskonzentrationskurven der eukolloiden Na-Salze bei gleichen Geschwindigkeitsgefällen.

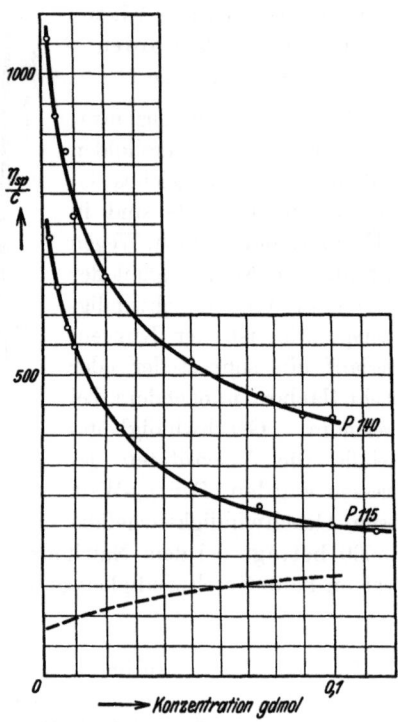

Abb. 96. η_{sp}/c-Konzentrationskurven der eukolloiden Na-Salze (Gf. = 1500). (— — — Kurve für Polystyrol (Gf. = 500) vom Durchschnittsmolekulargewicht 440000 nach W. HEUER.)

POISEUILLEschen Gesetz innerhalb der hier gemessenen Konzentrationen überall die gleiche Größe haben. Man braucht also nur die Abhängigkeit der Abweichungen vom HAGEN-POISEUILLEschen Gesetz von der Fließgeschwindigkeit, die im OSTWALDschen Viscosimeter gemessene Viscosität und das Geschwindigkeitsgefälle, bei dem die Messung ausgeführt wurde, zu kennen, um die Viscosität für jedes beliebige Geschwindigkeitsgefälle berechnen zu können.

g) Der Einfluß von Natronlauge auf die Viscosität der eukolloiden Säuren.

Entsprechend der größeren Zahl von Carboxylgruppen im Molekül der Eukolloide enthalten diese mehr schwach saure Gruppen als die Hemikolloide. Daher macht sich bei den Natriumsalzen der eukolloiden Säuren eine Hydrolyse bemerkbar, und zwar ist diese um so stärker, je größer das Molekül der Polyacrylsäure ist. Dies erkennt man an der Lage des Viscositätsmaximums bei steigendem Zusatz von Natronlauge zur Säure. Das Maximum liegt hier nicht, wie bei der Säure vom Polymerisationsgrad 8, bei dem Natriumgehalt, der der Anzahl titrierbarer Carboxylgruppen entspricht. Bei den Säuren P 140 und P 115 liegt das Maximum etwa bei 93% dieses Wertes. Dies zeigt Tabelle 248 und Abb. 97.

Tabelle 248.
Viscosität der eukolloiden Säuren mit steigenden Mengen Natronlauge. Polyacrylsäuren 0,05 gd-mol. Messungen im OSTWALDschen Viscosimeter.

P 140		P 115		P 90 [1]	
Na² %	η_{sp}	Na² %	η_{sp}	Na² %	η_{sp}
0	1,96	0	1,61	0	1,36
10	11,7	25	24,3	30	12,7
47,4	52,5	50	38,4	60	18,42
56,8	57,5	75	43,7	90	20,4
66,4	60,3	85	45,5	98	20,6
75,8	65,0	90	46,2	100	20,2
85,4	67,6	92,5	46,3	101	18,2
90	70,0	95	45,45	105	16,2
93	70,9	97	42,0	120	11,7
94,8	70,6	100	38,1	150	7,4
96	70,0	110	26,6		
97,5	68,5	130	17,25		
100	60,5	150	13,54		
110	44,0				
150	21,23				

Interessant ist, daß der Anstieg der Viscosität um so steiler ist, je höher das Molekulargewicht der Säuren ist. Auch hier, wie bei den Hemikolloiden, nimmt der Unterschied der Viscosität von Säure und Salz mit steigendem Molekulargewicht zu. Nach Durchschreiten des Maximums fallen die Viscositäten mit steigendem Überschuß von Natronlauge stark ab. Genaue Vergleiche sind aber nicht möglich, weil die η_{sp}/c-Werte der Säure sich sehr stark ändern, und weil bei ein und derselben Konzentration die η_{sp}-Werte sehr weitgehend mit dem Geschwindigkeitsgefälle variieren.

Die hier wiedergegebenen Messungen sind im OSTWALDschen Viscosi-

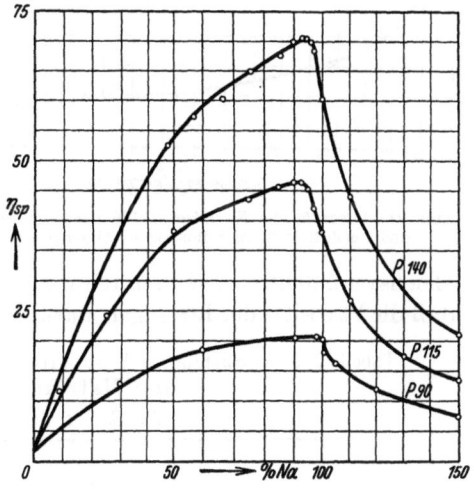

Abb. 97[2]. Die Viscosität der eukolloiden Säuren 0,05 gd-mol. mit steigenden Mengen Natronlauge unter Sauerstoffausschluß. Messungen im OSTWALDschen Viscosimeter.

---

[1] Um das Maximum genau zu bestimmen, müssen hier noch mehr Messungen ausgeführt werden.
[2] Siehe Fußnote 2 auf S. 348.

meter ausgeführt. Da die Geschwindigkeitsgefälle im Gebiete der höchsten Viscositäten am geringsten sind, ist der Verlauf der Kurven steiler, als er, bei gleich hohem Geschwindigkeitsgefälle gemessen, sein würde. Die Höhen der Maxima dieser Kurven sind also untereinander nicht vergleichbar, wohl aber ihre Lage in Abhängigkeit vom Natriumgehalt.

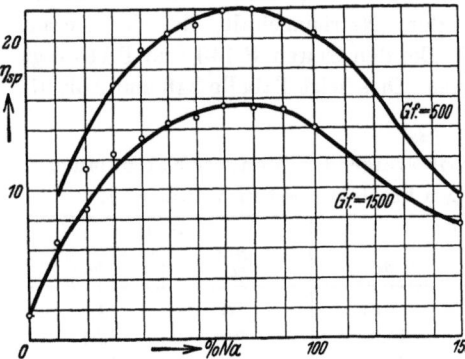

Abb. 98[1]. Säure P 115 mit steigenden Mengen Natronlauge bei gleichen Gf. in Gegenwart von Sauerstoff.

Bei der Säure P 115 wurde eine Meßreihe dieser Art im UBBELOHDEschen Viscosimeter durchgeführt. Die für gleiche Geschwindigkeitsgefälle erhaltenen Kurven sind in Abb. 98 abgebildet. Bei diesen Messungen wurde aber nicht auf Sauerstoffausschluß geachtet. Infolgedessen liegt das Maximum der Viscosität bei geringerem Natriumgehalt, da in neutralen und alkalischen Lösungen von polyacrylsaurem Natrium ein Abbau der Moleküle durch Sauerstoff eintritt. Dies erklärt das abweichende Bild der Kurven.

h) Der Einfluß der Elektrolyte auf die Viscosität der eukolloiden Salze.

Der starke Abfall der Viscosität der eukolloiden Natriumsalze durch einen Überschuß von Natronlauge wird auch durch Zusatz von Natriumchlorid hervorgerufen. Die Schwarmbildung zwischen den Fadenionen durch interionische Kräfte wird durch niedermolekulare Elektrolyte gelöst, indem diese sich zwischen die Fadenanionen lagern, sie gleichsam umhüllen und dadurch die Säureionen isolieren. Die Folge davon ist, daß die Viscosität der Lösungen stark abfällt und die Abweichungen vom HAGEN-

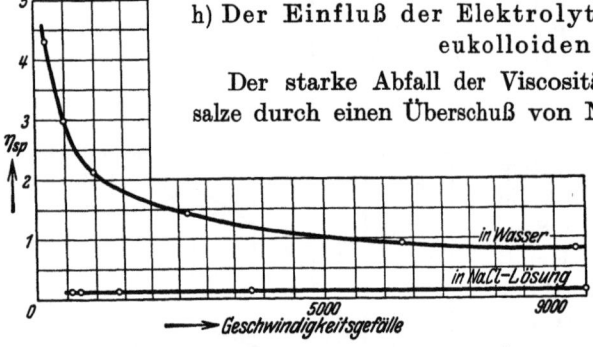

Abb. 99. Viscosität des Na-Salzes P 140 0,0025 gd-mol. in Wasser und 1 mol. Natriumchloridlösung in Abhängigkeit von Gf.

Tabelle 249. Spezifische Viscositäten des Na-Salzes P 140 in Wasser und Natriumchloridlösung.

Na-Salz P 140 0,0025 gd-mol.

	Spezifische Viscositäten bei Gf.			
	500	1000	1500	7000
In Wasser	2,92 (332)	2,12 (241)	1,73 (197)	0,88 (100)
In 1 mol. NaCl ..	0,146	0,146	0,146	0,145

POISEUILLEschen Gesetz verschwinden. So zeigt die Lösung des Natriumsalzes P 140 sehr starke Abweichungen vom HAGEN-POISEUILLEschen Gesetz; in ein-

---

[1] Siehe Fußnote 2 auf S. 348.

molarer Natriumchloridlösung gehorcht sie ihm dagegen völlig, wie folgende Gegenüberstellung zeigt (Tabelle 249, Abb. 99).

Wie groß der Einfluß schon geringer Kochsalzmengen ist, zeigt nebenstehende Tabelle 250.

In niedrigen Kochsalzkonzentrationen sind noch geringe Abweichungen vom HAGEN-POISEUILLEschen Gesetz zu verzeichnen; der Einfluß der Temperatur wird hier ferner geringer als in wässeriger Lösung (Tabelle 251).

Tabelle 250. Viscositäten des Na-Salzes P 115 0,02 gd-mol. in NaCl-Lösungen.

Konz. mol. NaCl	η_{sp} bei 20°
0,0	17,1
0,01	5,48
0,02	3,57
0,05	2,14
0,1	1,45
0,2	0,99

Tabelle 251. Spezifische Viscositäten des Na-Salzes P 90 in Wasser und Natriumchloridlösung.

Na-Salz P 90 0,05 gd-mol.

	Spez. Viscositäten bei Gf.		
	1500	2000	2500
In Wasser: 20°	11,25 (100)	10,4 (93)	10,1 (90)
40°	12,3 (100)	11,6 (94)	10,9 (89)
	(1,09)	(1,12)	(1,08)
60°	12,2 (100)	11,7 (97)	11,25 (92)
	(1,09)	(1,13)	(1,11)
In 0,05 mol. NaCl-Lösung: 20°	6,2 (100)	6,0 (97)	5,8 (94)
40°	6,43 (100)	6,22 (97)	6,01 (94)
	(1,03)	(1,04)	(1,04)
60°		6,14	6,01
		(1,02)	(1,04)

Anmerkung. Die Zahlen in Klammern hinter den spezifischen Viscositäten geben die prozentualen Abweichungen vom HAGEN-POISEUILLEschen Gesetz an, bezogen auf die spezifischen Viscositäten beim Gf. 1500, welche gleich 100 gesetzt wurden.

Die Zahlen in Klammern unter den spezifischen Viscositäten bedeuten die Temperaturabhängigkeiten (T-A).

Tabelle 252. Viscositäten des Na-Salzes P 140 in NaCl-Lösungen bei 20 und 60°.

Na-Salz P 140 0,05 gd-mol.

Konz. mol. NaCl	η_{sp} bei 20°	η_{sp} bei 60°	T.-A.
0,0	80,8	—	ca. 1,25
1,0	1,97	2,28	1,16
1,5	1,51	1,8	1,19
2,0	1,47	1,69	1,08
2,5	1,43	1,51	1,06
2,98	1,36	1,34	0,99

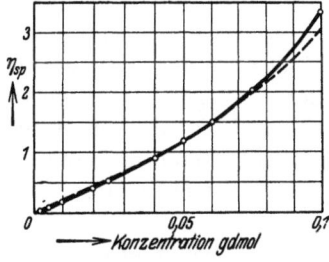

Abb. 100. Säure P 140 in 2 n-Natronlauge. (– – – Kurve für Polystyrol vom Durchschnittsmolekulargewicht 120000 nach W. HEUER, vgl. Abb. 47, S. 201.)

In höheren Natriumchloridkonzentrationen wird der Einfluß der Temperatur noch geringer. In etwa 3 mol. Kochsalzlösungen sind die spez. Viscositäten für 20 und 60° gleich groß (Tabelle 252).

Die Wirkung von Natronlauge auf das polyacrylsaure Natrium ist die gleiche wie die von Kochsalz. Die Abweichungen vom HAGEN-POISEUILLEschen Gesetz

Tabelle 253. Viscositäten des Na-Salzes P 140 in 2n-Natronlauge und Wasser.

	Konz. P 140 gd-mol.	Spezifische Viscositäten bei Gf.	
		1500	4000
In Wasser ..	0,1	27,9 (100)	17,5 (63)[1]
In 2n-NaOH {	0,01	3,01 (100)	2,77 (92)
	0,04	0,84 (100)	0,79 (94)

werden geringer, sind aber in 2n-Natronlauge noch bemerkbar, wie nebenstehende Tabelle 253 zeigt. Die Viscositätskonzentrationskurve des Natriumsalzes in 2n-Natronlauge zeigt einen durchaus normalen Verlauf wie die von homöopolaren Molekülkolloiden (Abb. 100). Die η_{sp}/c-Werte haben mit steigender Konzentration steigende Tendenz und sind im stark verdünnten Gebiet konstant (Tabelle 254).

Tabelle 254. Viscosität des Na-Salzes P 140 in 2n-Natronlauge. (Vgl. Abb. 100.)

Konz. gd-mol.	η_{sp} bei 20°	η_{sp}/c	η_{sp} bei 60°	η_{sp}/c	T.-A.
0,0025	0,047	18,8	0,05	20	1,06
0,005	0,084	16,8	0,097	19,4	1,15
0,01	0,186	18,6	0,219	21,9	1,18
0,02	0,392	19,6	0,485	24,2	1,24
0,025	0,488	19,5	0,584	23,4	1,20
0,04	0,885	22,1	1,09	27,3	1,23
0,05	1,19	23,8	1,47	29,4	1,23
0,075	2,03	27,1	2,48	33,1	1,22
0,1	3,36	33,6	3,91	39,1	1,16

i) **Der Einfluß von Natriumchlorid auf die Viscosität der Säuren.**

Ganz andere Erscheinungen treten bei Zusatz von Natriumchlorid zu den Lösungen von Polyacrylsäure auf. Schon bei geringen Kochsalzkonzentrationen tritt eine Trübung der Lösung ein, die bei längerem Stehen und bei Natriumchloridkonzentrationen von 0,5 mol. an in eine Koagulation der Säure übergeht. Temperatursteigerung löst die Trübung auf, während die auf 0° abgekühlte Lösung milchig weiß wird. Entsprechend sind die Viscositätserscheinungen mit wechselnder Temperatur andere als bei den polyacrylsauren Natriumsalzen in Kochsalzlösung. Es tritt hier keine Isolierung, sondern eine Zusammenlagerung der vorwiegend homöopolaren Säuremoleküle ein. Dadurch werden die Viscosität und die Abweichungen vom HAGEN-POISEUILLEschen Gesetz vor allem bei niedrigen Temperaturen vermindert (vgl. Tabelle 255). Die Temperaturabhängigkeit wird nicht geringer, sondern weit größer mit steigender Kochsalzkonzentra-

Tabelle 255. Viscositäten der Säure P 140 in NaCl-Lösungen.

	Temperatur	Spezifische Viscositäten bei Gf.	
		1000	7000
Säure P 140 0,04 gd-mol. NaCl 0,2 mol. {	20°	0,28 (102)	0,275 (100)[1]
	60°	0,51 (105)	0,485 (100)
		(1,82)	(1,76)
Säure P 140 0,2 gd-mol. NaCl 0,25 mol. {	20°	2,23 (110)	2,03 (100)
	60°	4,11 (112)	3,68 (100)
		(1,84)	(1,81)

[1] Wegen der Bedeutung der eingeklammerten Zahlen vgl. Anm. zu Tabelle 251.

tion. Die Lösung geht mit steigendem Kochsalzgehalt in eine Suspension über (vgl. Tabelle 256).

Entsprechend dem komplizierten Bau der Teilchen der Polyacrylsäure in Gegenwart von Natriumchlorid laufen die η_{sp}/c-Werte bei steigender Konzentration durch ein Minimum ebenso wie die η_{sp}/c-Werte der Säure in Abwesenheit

Tabelle 256.
Säure P 140 in Natriumchloridlösungen.

Säure P 140 0,2 gd-mol.

NaCl Konz.	η_{sp} bei 20°	η_{sp} bei 60°	T.-A.
0,0 mol.	5,0	—	1,25—1,30
0,05	2,95	4,7	1,59
0,25	2,24	4,27	1,91
0,5	1,86	3,87	2,08
0,6	1,66	3,64	2,19
0,7	1,49	3,45	2,32

Tabelle 257. Viscosität der Säure P 140 in 0,5 mol. NaCl-Lösung.

Konz. gd-mol.	η_{sp} bei 20°	η_{sp}/c
0,001	0,014	14
0,0035	0,029	8,3
0,005	0,34	6,8
0,007	0,042	6,0
0,01	0,05	5,0
0,025	0,12	4,8
0,05	0,22	4,4
0,1	0,585	5,9
0,198	1,8	9,1
0,318	5,86	18,4
0,41	12,88	31,4

von Natriumchlorid (Tabelle 257). Vgl. damit das Verhalten von polyacrylsauren Salzen in Tabelle 254.

Diese Messungen zeigen, daß in Lösungen von Polyacrylsäure in Gegenwart von Natriumchlorid sehr komplizierte Verhältnisse vorliegen, während polyacrylsaures Natrium unter den gleichen Bedingungen einfache Erscheinungen zeigt, weil hier in der Lösung isolierte Fadenionen vorhanden sind.

5. Berechnung des Molekulargewichts der Eukolloide.

Die Viscositätsmessungen an den Eukolloiden zeigen, daß in Lösungen von polyacrylsaurem Natrium in Gegenwart von Elektrolyten die Bedingungen gegeben sind, unter welchen die abnormen Viscositätserscheinungen verschwinden, welche bei den Lösungen der freien Polyacrylsäure und des neutralen Salzes beobachtet wurden. Bei Elektrolytzusatz sind die η_{sp}/c-Werte von polyacrylsauren Salzen in verdünnten Lösungen konstant und zeigen einen Verlauf, wie er bei den homöopolaren Molekülkolloiden beobachtet wird. In Abb. 100 ist neben die Kurve für die Viscosität von polyacrylsaurem Natrium in 2 n-Natronlauge die Kurve für ein Polystyrol[1] vom Durchschnittsmolekulargewicht 120000 eingetragen. Die Kurven für das Polystyrol und polyacrylsaures Natrium in 2 n-Natronlauge gleichen sich völlig. Man kann also diese Messungen infolge der Konstanz der η_{sp}/c-Werte benutzen, um aus der Viscosität das Molekulargewicht der Polyacrylsäure in derselben Weise zu errechnen, wie dies bei homöopolaren Molekülkolloiden geschieht. Durch Messungen an den Hemikolloiden wurde die K_m-Konstante zu $2 \cdot 10^{-3}$ ermittelt. Berechnet man mit Hilfe dieser Konstanten das Molekulargewicht der Eukolloide, so erhält man die Werte in Tabelle 258.

Die Fadenmoleküle resp. Fadenionen der eukolloiden Polyacrylsäuren sind relativ kurz im Vergleich zu den Fadenmolekülen der homöopolaren Molekülkolloide, die mehr als die 10fache Länge haben. In neutraler Lösung zeigen sie trotzdem ganz abnorm hohe Viscositäten und Abweichungen vom HAGEN-

---

[1] Nach W. HEUER.

Tabelle 258. Molekulargewicht der Eukolloide.

	η_{sp}/c Wert in 2n-NaOH	Durchschnitts- molekular- gewicht	Durchschnitts- Polymerisations- grad	Kettenlänge
I.	ca. 20	ca. 10000	ca. 140	350 Å
II.	ca. 16,5	ca. 8300	ca. 115	290 Å

POISEUILLEschen Gesetz, welche auf die Wechselwirkungen zwischen den Fadenionen zurückzuführen sind. Aus den hohen Viscositäten, die hier beobachtet werden, darf also nicht auf ein hohes Molekulargewicht geschlossen werden. Diese ganze Meßreihe zeigt, wie vorsichtig man mit der Beurteilung des Molekulargewichts einer hochmolekularen Verbindung auf Grund von Viscositätsmessungen sein muß.

V. Molekulargewichtsbestimmungen an Cellulose in Kupferamminlösungen.

Aus den Viscositätsmessungen an polyacrylsaurem Natrium in Gegenwart von Elektrolyten geht hervor, weshalb es STAUDINGER und SCHWEITZER gelungen ist[1], das Molekulargewicht von Cellulose durch Viscositätsmessungen in SCHWEIZERS Reagens zu bestimmen. Diese Messungen werden in Gegenwart eines großen Überschusses an Kupferoxydammoniak ausgeführt. Dieser Überschuß hat die gleiche Wirkung wie der Überschuß von Elektrolyten auf eine Lösung von polyacrylsauren Salzen: auch die Fadenionen des Cellulosekomplexes werden durch den Überschuß von Kupferoxydammoniak voneinander getrennt; ihre Wirkung aufeinander ist dadurch aufgehoben, so daß deshalb in solchen Lösungen einfache Zusammenhänge zwischen Viscosität und Molekulargewicht bestehen.

VI. Parallelen zum Eiweiß.

Viele der der Polyacrylsäure eigentümlichen Viscositätserscheinungen finden eine Parallele in den bekannten Erscheinungen beim Eiweiß. Der viscositätssteigernde Einfluß der Natronlauge, der durch größere Mengen von Natronlauge bedingte Abfall der Viscosität, der Einfluß von Neutralsalzen, die leichte Koagulation von unionisiertem Eiweiß — dies alles sind Erscheinungen, die auch bei der Polyacrylsäure beobachtet werden und hier eine Deutung erfahren. Zum besseren Vergleich ist in Abb. 111 der Einfluß von Natronlauge auf die Viscosität von Serumalbuminlösung nach PAULI[2] dargestellt. Wie Eiweiß verhalten sich nach den Untersuchungen von HEDESTRAND[3] auch Aminosäuren (Abb. 102). Bei diesen Stoffen, also amphoteren Elektrolyten, erhält man sowohl mit Natronlauge wie mit Salzsäure eine Viscositätssteigerung. Ein Minimum der Viscosität ist am isoelektrischen Punkt vorhanden.

Die vorliegenden Messungen an der Polyacrylsäure zeigen, wie außerordentlich schwer es ist, bei einem heteropolaren Molekülkolloid Rückschlüsse auf das Molekulargewicht zu ziehen. Über den Bau und die Zusammensetzung der Teilchen in einer Polyacrylsäurelösung läßt sich heute noch wenig sagen, man weiß nicht, wieweit normale, wieweit koordinative Moleküle vorhanden sind. Noch

---

[1] STAUDINGER, H., u. O. SCHWEITZER: Ber. Dtsch. Chem. Ges. **63**, 3132 (1930).
[2] PAULI, W.: Biochem. Ztschr. **202**, 337 (1928).
[3] HEDESTRAND, G.: Ztschr. f. anorg. u. allg. Ch. **124**, 153 (1922).

viel weniger lassen sich Aussagen beim Eiweiß machen. Von den verschiedenen Forschern wird je nach Standpunkt die durch osmotische oder sonstige Methoden ermittelte Teilchengröße als Micell- oder Molekulargewicht bezeichnet. Nachdem man viele synthetische hochmolekulare Produkte als Molekülkolloide erkannt hat, werden neuerdings die Teilchengrößen oft als Molekulargewichte bezeichnet. Diese Übertragung ist irrtümlich; denn die Polyacrylsäure zeigt, wie komplizierte Verhältnisse vorliegen, so daß man nicht sagen kann, ob die nach den osmotischen oder sonstigen Methoden ermittelten Teilchengrößen der Eiweißstoffe die normalen Molekulargewichte oder evtl. koordinative Molekulargewichte sind. Die Untersuchungen von BOEHM und SIGNER[1] zeigen weiter, daß die Teilchen des Eiweißes ganz verschiedene Form haben. Die langgestreckten Teilchen zeigen in Viscositätserscheinungen Beziehungen zu den Viscositätserscheinungen hochmolekularer Stoffe mit Fadenmolekülen. Daraus darf man aber nicht ohne weiteres auf einen analogen chemischen Bau, also auf das Vorliegen von Fadenmolekülen,

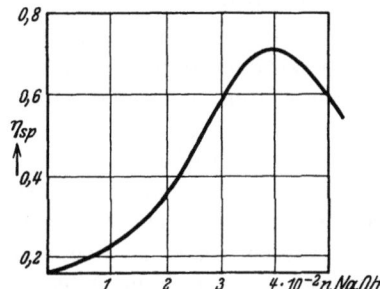

Abb. 101. Viscosität einer Serumalbuminlösung (1,57%) mit steigenden Mengen Natronlauge. (Nach PAULI, l. c.)

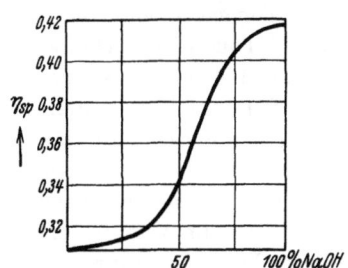

Abb. 102. Viscosität einer Alaninlösung (8,9%) mit steigenden Mengen Natronlauge. (Nach HEDESTRAND, l. c.)

schließen, sondern nur auf eine analoge fadenförmige Gestalt der Teilchen. Denn auch die Fadenmicellen der Seifen rufen in mancher Hinsicht ähnliche Viscositätserscheinungen hervor, wie die normalen Fadenmoleküle der hochmolekularen Stoffe[2].

VII. Versuchsteil.

1. Darstellung der Acrylsäure.

Die Darstellung der Acrylsäure wurde durch Salzsäureabspaltung aus β-Chlorpropionsäure mit Natronlauge nach der Vorschrift MOUREAUS[3] unternommen und nach den Angaben URECHS[4] durchgeführt. Trotz der genauen Einhaltung dieser Vorschrift gelang es zunächst nicht, die von URECH angegebene Ausbeute zu erreichen. Vielmehr polymerisierte im Destillationskolben die Acrylsäure in völlig unberechenbarer Weise auch in Gegenwart von Hydrochinon manchmal so heftig, daß häufig die Reaktion unter starker Wärmeentwicklung einen explosionsartigen Verlauf nahm[5]. Schließlich gelang es, den Katalysator, der die Polymeri-

---

[1] BOEHM, G., u. R. SIGNER: Helv. chim. Acta **14**, 1370 (1931).
[2] Vgl. S. 142.
[3] MOUREAU, CH.: Ann. chem. et phys. (7) **2**, 148 (1894).
[4] URECH, E.: These, E.P.F. Zürich. S. 25. 1927.
[5] STAUDINGER, H., u. H. W. KOHLSCHÜTTER: Ber. Dtsch. Chem. Ges. **64**, 2091 (1931).

sation verursacht, als Peroxyd aus dem Äther nachzuweisen. Es genügen nämlich die geringsten Spuren solcher Peroxyde, die durch gewöhnliche Destillation aus dem Äther nicht zu entfernen sind und die sich bald wieder nachbilden, um die Polymerisation einzuleiten. Reinigt man aber den Äther direkt vor seiner Benutzung von Peroxyden durch Ausschütteln mit sodaalkalischer Permanganatlösung oder besser durch Destillation über Natrium, so läßt sich die Destillation der Acrylsäure ohne jede Schwierigkeit und Störung und ohne daß Destillationsrückstände im Kolben zurückbleiben, durchführen. Dabei ist es fast ohne Einfluß, ob man bei 46—48°/13 mm oder 20°/0,1 mm destilliert. Ausbeute aus 108 g β-Chlorpropionsäure 58 g Acrylsäure. Der Schmelzpunkt der so gewonnenen Acrylsäure liegt bei 13°. Spuren von Peroxyden verändern ihn nicht merklich, sind aber für die Beständigkeit der Acrylsäure von großer Bedeutung.

2. Darstellung von Polyacrylsäure.

a) Darstellung der Hemikolloide.

Die Polymerisation von Acrylsäure in Lösung wurde nach den Angaben in Tabelle 221 ausgeführt. Die Bestimmung des Wasserstoffsuperoxyds geschah durch Titration. Die Polymerisationen wurden in Bombenröhren vorgenommen. Es sind hierfür Bombenrohre aus Jenaer Durobaxglas brauchbar; als unbrauchbar erwies sich dagegen Jenaer Supremaxglas, da es unter den angegebenen Bedingungen angegriffen wird und die Polymerisationsprodukte dann anorganische Bestandteile aus dem Glas enthalten. Die hochviscosen Lösungen von Polyacrylsäure wurden dann im Vakuum eingedampft, die erhaltenen Gläser im Hochvakuum vorgetrocknet. Die Säuren wurden dann soweit als möglich im Achatmörser pulverisiert. Mit steigendem Polymerisationsgrad sind sie immer schwerer zu pulverisieren; Säure P 40 ist nur noch äußerst schwer, Säure P 50 überhaupt nicht mehr pulverisierbar. Die Trocknung in kleinen Portionen im Hochvakuum bei 60° mit vorgelegtem, auf —70° gekühltem Kondensationsgefäß nahm 2 bis 3 Monate in Anspruch. Die Analysen und die Titrationen der hemikolloiden Polyacrylsäuren finden sich in Tabelle 260.

b) Darstellung der Eukolloide.

Die Darstellung der Eukolloide erfolgte nach den in Tabelle 238 gemachten Angaben. Die Gewinnung der polymeren Säuren geschah wie bei den Hemikolloiden. Die Trocknung ist noch viel schwieriger, da diese Substanzen nicht pulverisierbar sind. Sie nahm etwa $^1/_2$ Jahr in Anspruch und konnte nicht bei allen Substanzen zu Ende geführt werden. Auf eine auffallende Beobachtung sei im Anschluß an die Polymerisationsversuche noch hingewiesen. Reine Acrylsäure wurde im senkrecht stehenden Bombenrohr in abs. Stickstoff auf 100° erhitzt. Nach 10 Min. schieden sich weiße Flocken aus der Säure ab, nach 3 Tagen befand sich im unteren Teil des Rohres ein klares Glas. Am mittleren und oberen Teil hatte sich ein weißes, glitzerndes, äußerlich völlig krystallin aussehendes Produkt abgesetzt, offenbar ein Polymerisat, das aus Acrylsäuredampf entstanden war. Die Analysenwerte deuten auf reine Polyacrylsäure:
Gef. C 49,96%, H 5,58%. Ber. für $C_3H_4O_2$: C 50,00%; H 5,56%.

Das Produkt wurde näher untersucht, weil es möglich erschien, daß hier eine krystallisierte Substanz vorliegt, da ja auch Polyoxymethylene aus Formaldehydgas in Form von Fasern krystallisiert erhalten werden[1]. Das Produkt ist hart und spröde. Eine Röntgenaufnahme ergab aber, daß es völlig amorph ist. Unter dem Polarisationsmikroskop zeigt das Produkt starke Doppelbrechung, jedoch ohne geradlinige Grenzflächen und einheitliche Auslöschung. Es ist völlig unlöslich, bringt man aber einen Tropfen Wasser darauf, so verschwindet die Doppelbrechung augenblicklich, es kommt zu einer eigenartigen, ruckartigen Bewegung in den Teilchen, die bald nachläßt. Es ist eine schwache Quellung eingetreten, die Spannung in der Substanz ist beseitigt und damit die Ursache der Doppelbrechung. Es handelt sich bei diesem Produkt um eine besonders hochmolekulare Polyacrylsäure.

3. Titration der Polyacrylsäure.

a) Titration der Eukolloide.

Versucht man Polyacrylsäurelösungen mit Natronlauge unter Anwendung von Phenolphthalein als Indicator zu titrieren, so findet man keinen scharfen Umschlagspunkt von Farblos nach Rot. Die Lösung, die bei Zusatz von Natronlauge deutlich viscoser wird, zeigt einen so langsamen Übergang ihrer Farbe nach Rosa, daß es schwer ist, einen Endpunkt der Titration anzugeben. Jedenfalls liegt der Endpunkt wesentlich unter dem für ein neutrales Natriumsalz geforderten.

0,0838 g Säure verbr. 10,48 ccm NaOH 0,1 n.
Ber. 11,63 ccm NaOH. Gef. = 90,1%.

Setzt man zu einer solchen auf rot titrierten Lösung festes NaCl oder eine NaCl-Lösung zu, so verschwindet die Rotfärbung, die Lösung wird niederviscos, und nun findet man bei der weiteren Titration mit NaOH einen ganz scharfen Umschlagspunkt nach Rot, der dem theoretisch geforderten entspricht.

0,0838 g Säure verbr. 11,62 ccm NaOH 0,1 n; ber. 11,63 ccm.
0,1486 g Säure verbr. 20,63 ccm NaOH 0,1 n; ber. 20,65 ccm.

Der Zusatz von NaCl darf erst zu Ende der Titration erfolgen, da die freie Säure durch NaCl koaguliert wird, während das Natriumsalz auch in Gegenwart von NaCl gelöst bleibt.

Wendet man an Stelle von Natriumchlorid einen Zusatz von Alkohol an, so wird die Lösung ebenfalls niederviscos, und man findet den gleichen Endpunkt der Titration.

10 ccm einer Polyacrylsäurelösung verbrauchen bei Zusatz von Natriumchlorid 7,48 ccm NaOH 0,1 mol. Die gleiche Menge derselben Lösung verbraucht bei Zusatz von Alkohol 7,48 ccm; 7,50 ccm; 7,48 ccm 0,1 n-NaOH.

Tabelle 259.
Der Einfluß von Natriumchlorid auf das p_H der Polyacrylsäure.

	p_H bei 20°	
	ohne NaCl	in Gegenwart von NaCl
Säure P 115 0,05 gd-mol.	3,34	2,36
Säure P 115 0,1 gd-mol.	3,06	2,29
Na-Salz P 115 0,05 gd-mol.	8,66	7,25
70proz. Na-Salz P 115 0,05 gd-mol. . .	7,06	5,13

[1] Vgl. H. STAUDINGER u. R. SIGNER: Ztschr. f. physik. Ch. **126**, 425 (1927) — Ztschr. f. Krystallographie **70**, 208 (1929).

Potentiometrisch läßt sich der Einfluß des Natriumchloridzusatzes zur Lösung der Säure oder ihres Salzes deutlich zeigen. Die Messungen wurden mit dem LAUTENSCHLÄGERschen Potentiometer mit der Chinhydronelektrode ausgeführt. Die Messungen finden sich in Tabelle 259.

b) Titration der Hemikolloide.

Die Carboxylgruppen der Hemikolloide sind mit Natronlauge in Gegenwart von Kochsalz nur zum Teil titrierbar. In der zusammenfassenden Tabelle 260 sind die von der Einwage nicht titrierbaren Anteile angegeben. Die nichttitrierbaren Carboxylgruppen sind als γ-Lacton gebunden. Der Nachweis der Anwesenheit eines Lactons wurde durch folgende Versuche erbracht.

Zu den Versuchen wurde eine 0,5 gd-mol. Lösung der Säure P 8 verwendet. 2 ccm dieser Lösung binden bei direkter Titration in Gegenwart von Natriumchlorid 8,7 ccm 0,1 n-Natronlauge = 87%.

Tabelle 260. Analysen der Polyacrylsäuren.
Berechnet für $C_3H_4O_2$ 50,00% C, 5,56% H.

Säure Polymerisationsgrad	Analyse C %	H %	Wassergehalt %	Nicht[2] titrierb. Teil %
P 8	49,8	5,45	—	13
P 12—13	50,0	5,62	—	7,8—8,3
	49,82	5,44	—	
P 15	49,79	5,63	—	
P 17	49,77	5,59	—	5,9
P 17	49,68	5,57	ca. 0,5	
P 18	49,73	5,52	—	5,5
P 26	49,79	5,55	—	
	50,05	5,58	—	3,8
P 26	49,65	5,57	ca. 0,5	3,8
P 38—42	49,66	5,56	ca. 0,5	2,4—2,6
P 50[1]	47,95	6,17	ca. 4,1	2
P 115	49,62	5,96		
P 140	49,80	5,54		

In alkalischer Lösung sollte vorhandenes Lacton aufspaltbar sein. Es wurden also 2 ccm der Säure mit 30 ccm NaOH im Bombenrohr eingeschmolzen und 18 Stunden auf 100° erhitzt. Gleichzeitig wurde ein Leerversuch angesetzt. Nach dem Erhitzen wurde mit überschüssiger Salzsäure versetzt und mit Natronlauge zurücktitriert. In zwei Parallelversuchen wurden 8,69 bzw. 8,68 ccm NaOH 0,1 n als gebunden gefunden, d. h. daß 86,9 bzw. 86,8% der Carboxylgruppen reagiert hatten. Daß kein Lacton nachgewiesen werden konnte, ließ sich darauf zurückführen, daß die γ-Oxysäure in saurer Lösung so unbeständig ist, daß unter Wasserabspaltung Lactonringschluß sofort eintrat. Wenn man aber die alkalische Lösung direkt mit Salzsäure titriert, kann man erreichen, daß ein erheblicher Teil der Säure noch als γ-Oxysäure reagiert, bevor Ringschluß eintritt.

---

[1] Die Substanz konnte nicht bis zur Gewichtskonstanz getrocknet werden.
[2] Unter Berücksichtigung des Wassergehaltes.

1. 2 ccm der Säurelösung wurden mit 30 ccm 0,1 n-NaOH unter Durchleiten eines langsamen Stromes reinen Stickstoffs 10 Minuten auf dem Wasserbad erwärmt. Dann wurde möglichst schnell mit HCl zurücktitriert.
Gef. gebundenes NaOH = 9,37 ccm 0,1 n = 93,7%.
2. 4 ccm Säurelösung + 60 ccm 0,1 n-NaOH unter N_2-Durchleiten 10 Minuten auf 100° erhitzt.

Sofortige Titration: gebunden NaOH = 19,1 ccm 0,1 n = 95,5%. Nach 10 Minuten ist die Lösung wieder rot; titriert: gebunden NaOH = 18,05 ccm 0,1 n = 90,3%.

Nach 1 Stunde ist die Lösung wieder rot; titriert: gebunden NaOH = 17,55 ccm 0,1 n = 87,8%.

Es war also gelungen, in alkalischer Lösung das Lacton zum Teil zu der Oxysäure zu spalten, so daß 95,5% der Carboxylgruppen nachzuweisen waren. Nach 1 Stunde Erhitzen auf dem Wasserbad ist jedoch schon wieder fast alles Lacton zurückgebildet, es sind nur noch 87,8% NaOH gebunden, während bei der direkten Titration 87,0% NaOH gebunden waren.

Die Ergebnisse der Analysen und Titrationen der verschiedenen Polyacrylsäuren sind in Tabelle 260 zusammengefaßt.

4. Dialyse von polyacrylsaurem Natrium.

Da in Lösungen von polyacrylsaurem Natrium das niedermolekulare Kation durch das hochmolekulare Anion gebunden ist, kann es trotz seiner geringen Größe nicht durch Dialyse entfernt werden. Es stellt sich deshalb im Innern des Dialysators ein sehr hoher osmotischer Druck ein. *Es liegt hier das merkwürdige Phänomen vor, daß eine Lösung von polyacrylsaurem Natrium in einer permeablen Membran sich verhält wie die Lösung eines niedermolekularen Stoffes in einer semipermeablen Membran.*

Nach URECH[1] wird das polyacrylsaure Natrium nach der Dialyse unverändert wiedergewonnen. Diese Angabe konnte nicht völlig bestätigt werden, da eine geringe Hydrolyse des Natriumsalzes erfolgt und die so gebildete Natronlauge abwandert. So hatte ein polyacrylsaures Natrium nach dreiwöchiger Dialyse einen Natriumgehalt von 19,76% und 19,71% statt 24,6%[2]. Da polyacrylsaures Natrium sehr autoxydabel ist, müssen die Versuche unter Sauerstoffausschluß wiederholt werden.

5. Viscositätsuntersuchungen.

Viscositätsmessungen wurden im OSTWALDschen und UBBELOHDEschen Viscosimeter vorgenommen. Bei den Messungen im UBBELOHDEschen Viscosimeter wurden die Drucke von 60 cm Quecksilbersäule bis 20 cm Wassersäule variiert.

Daß die Berechnung des Geschwindigkeitsgefälles nach der KRÖPELINschen[3] Formel auch für Messungen im OSTWALDschen Viscosimeter brauchbar ist, zeigt Tabelle 261 und die dazugehörende Abb. 103. Der im OSTWALDschen Viscosimeter gemessene Wert liegt auf der aus Messungen im UBBELOHDEschen Viscosi-

---

[1] URECH, E.: These, E.P.F. Zürich. S. 33. 1927.
[2] Bei den früheren Versuchen wurde kürzere Zeit dialysiert.
[3] KRÖPELIN, H., Ber. Dtsch. chem. Ges. 62, 3056 (1929).

meter ermittelten Kurve. Tabelle 261 gibt gleichzeitig ein Beispiel, wie die Viscositätsmessungen durchgeführt wurden.

Im Laufe der Messungen zeigte es sich, daß die Natriumsalze der Polyacrylsäure durch Sauerstoff abgebaut werden. Deshalb mußten die Messungen unter Stickstoff vorgenommen werden, das als Lösungsmittel benutzte Wasser unter Stickstoff destilliert werden. Die zu den Messungen benutzte Natronlauge war sauerstoff- und kohlensäurefrei[1]. Die gebrauchten Gefäße müssen peinlich sauber gehalten werden. Es genügt in manchen Fällen das Berühren der Lösungen mit den Fingern, um die Viscosität so zu beeinflussen, daß brauchbare Werte nicht zu erhalten sind. Es befand sich beispielsweise im UBBELOHDEschen Viscosimeter eine Lösung der Säure P 140 0,0025 gd-mol., die bei einem Druck von 60 cm Wassersäule einen η_{sp}-Wert von 0,51 hatte. Nun wurde die Viscosimeteröffnung mit einem Finger verschlossen und die Lösung durch Umschwenken des Viscosimeters an die Haut gebracht. Die Viscosität betrug nun 0,21, war also auf mehr als die Hälfte heruntergegangen[2].

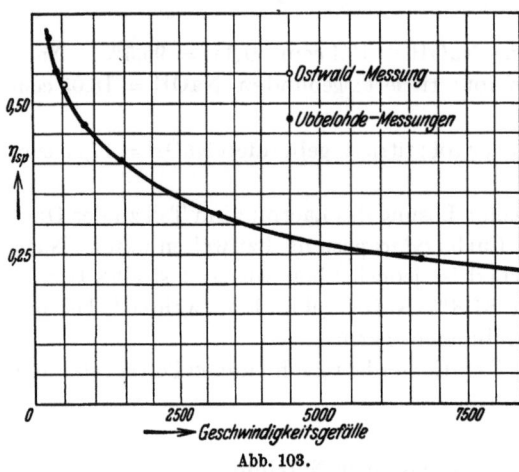

Abb. 103.

Tabelle 261. Abhängigkeit der Viscosität der Säure P 115 0,0025 gd-mol. vom Geschwindigkeitsgefälle bei 20°.

P cm Hg Säule	p cm H$_2$O Säule	t Sek.	$P \cdot t$	Gf.	η_r	η_{sp}	Viscosimeter
39,59	—	24,05	953	13800	1,184	0,184	
30,04	—	32,4	971	10250	1,209	0,209	
20,06	—	49,75	998	6670	1,241	0,241	
10,23	—	103,2	1057	3215	1,316	0,316	
(4,88)	66,15	231,6	1128	1432	1,406	0,406	UBBELOHDEsches Viscosimeter
(4,44)	60,05	257,6	1140	1287	1,420	0,420	
(2,945)	39,90	400,0	1176	830	1,465	0,465	
(1,475)	19,99	844,4	1245	394	1,551	0,551	
(1,05)	14,22	1231,6	1293	270	1,610	0,610	
		82,9		528	1,535	0,535	OSTWALDsches Viscosimeter

P = Mittel des Drucks der Quecksilbersäule zu Beginn und Ende der Messung.
p = Mittel des Drucks der Wassersäule zu Beginn und Ende der Messung.
t = Mittel der Ausflußzeiten (von oben nach unten und unten nach oben gemessen).
η_r = Ausflußzeit der Lösung dividiert durch Ausflußzeit des Wassers.

---

[1] Die Natronlauge wurde durch Zersetzen von Natriumamalgam mit Wasser unter völligem Luftausschluß hergestellt und unter reinem Stickstoff aufbewahrt.

[2] Die Viscosität nimmt ab, da sich Elektrolyte lösen; in dieser verdünnten Lösung haben Spuren von Elektrolyten einen großen Einfluß.

Tabelle 262.

Lösung	Temperatur	Spezifische Viscosität für ein Geschwindigkeitsgefälle von			
		250	500	1000	1500
Säure P 140 0,0025 gd-mol.	20°	1,18 (211)	0,98 (175)	0,72 (128)	0,56 (100)
Säure P 140 0,0535 gd-mol.	20°	2,53 (118)	2,4 (112)	2,23 (104)	2,14 (100)
Säure P 140 0,5 gd-mol...	20°		21,8 (110)	20,7 (105)	19,8 (100)
	40°		25,0 (110)	23,8 (104)	22,8 (100)
			(1,15)	(1,15)	(1,15)
	60°		28,2 (108)	27,0 (103)	26,1 (100)
			(1,29)	(1,30)	(1,32)
Säure P 140 0,61 gd-mol..	20°	44,4 (128)	41,6 (120)	37,6 (108)	34,7 (100)
	60°	55,8 (124)	52,6 (117)	48,8 (109)	45,0 (100)
		(1,30)	(1,26)	(1,30)	(1,30)
Na-Salz P140 0,0025 gd-mol. 94% Na	20°	3,75 (217)	2,92 (169)	2,12 (122)	1,73 (100)
	60°		3,02 (143)	2,52 (119)	2,12 (100)
			(1,03)	(1,19)	(1,23)
Na-Salz P 140 0,05 gd-mol. 100% Na	20°	36,0 (192)	28,2 (150)	21,4 (114)	18,8 (100)
	40°	38,6 (184)	32,0 (153)	24,0 (114)	21,0 (100)
		(1,07)	(1,14)	(1,12)	(1,12)
	60°	39,5 (171)	34,1 (147)	26,8 (116)	23,15 (100)
		(1,10)	(1,21)	(1,25)	(1,23)
Na-Salz P 140 0,1 gd-mol. 94% Na	20°	58,4 (209)	45,6 (164)	34,4 (123)	27,9 (100)
	60°	69,9 (181)	58,3 (151)	45,8 (119)	38,6 (100)
		(1,20)	(1,28)	(1,33)	(1,38)

Die Zahlen in Klammern hinter den spezifischen Viscositäten geben die prozentualen Abweichungen vom HAGEN-POISEUILLEschen Gesetz an, bezogen auf die spezifische Viscosität beim Gf. 1500, welche gleich 100 gesetzt wurde.

Die Zahlen in Klammern unter den spezifischen Viscositäten bedeuten die Temperaturabhängigkeiten T.-A. $= \dfrac{\eta_{sp}\,60°}{\eta_{sp}\,20°}$ bzw. $\dfrac{\eta_{sp}\,40°}{\eta_{sp}\,20°}$.

Tabelle 263.

Lösung	Temperatur	Spezifische Viscositäten für ein Geschwindigkeitsgefälle von			
		2000	4000	7000	10000
Säure P 140 0,0025 gd-mol.	20°	0,48 (155)	0,37 (119)	0,31 (100)	0,27 (87)
	40°		0,44 (124)	0,355 (100)	0,33 (93)
			(1,19)	(1,15)	(1,22)
	60°		0,495 (118)	0,42 (100)	0,37 (88)
			(1,34)	(1,35)	(1,37)
Säure P 140 0,0535 gd-mol.	20°	2,06 (124)	1,84 (111)	1,66 (100)	1,48 (89)
Säure P 140 0,1 gd-mol. .	20°	3,25 (121)	2,93 (109)	2,695 (100)	
	40°	3,75 (128)	3,26 (111)	2,93 (100)	
		(1,15)	(1,11)	(1,09)	
	60°	4,08 (123)	3,60 (108)	3,33 (100)	
		(1,25)	(1,23)	(1,24)	
Na-Salz P 140 0,0025 gd-mol. 94% Na	20°	1,52 (173)	1,09 (124)	0,88 (100)	0,80 (91)
	60°	1,83 (174)	1,32 (126)	1,05 (100)	0,93 (89)
		(1,20)	(1,21)	(1,19)	(1,16)
Na-Salz P 140 0,01 gd-mol. 100% Na	20°	3,6 (171)	2,7 (129)	2,1 (100)	
	40°	4,04 (161)	3,08 (123)	2,51 (100)	
		(1,12)	(1,14)	(1,20)	
	60°	4,34 (161)	3,4 (126)	2,7 (100)	
		(1,21)	(1,26)	(1,29)	

Tabelle 264.

Lösung	Temperatur	Spezifische Viscositäten für ein Geschwindigkeitsgefälle von			
		250	500	1000	1500
Säure P 115 0,0025 gd-mol.	20°	0,64 (158)	0,52 (128)	0,45 (111)	0,405 (100)
	60°			0,54 (107) (1,20)	0,505 (100) (1,24)
Säure P 115 0,5 gd-mol.	20°		15,8 (104)	15,5 (102)	15,2 (100)
	40°		17,6 (105) (1,11)	17,3 (103) (1,11)	16,8 (100) (1,11)
	60°		19,6 (105) (1,24)	19,1 (102) (1,23)	18,7 (100) (1,23)
Na-Salz P 115 0,05 gd-mol. 100% Na	20°	23,9 (170)	20,4 (145)	16,1 (114)	14,1 (100)
	40°	24,1 (150) (1,01)	21,7 (135) (1,06)	18,2 (113) (1,13)	16,1 (100) (1,14)
	60°		21,9 (131) (1,07)	18,8 (112) (1,17)	16,8 (100) (1,19)
Na-Salz P 115 0,1125 gd-mol. 94% Na	20°	50,0 (188)	40,5 (152)	32,1 (121)	26,6 (100)

Tabelle 265.

Lösung	Temperatur	Spezifische Viscositäten für ein Geschwindigkeitsgefälle von			
		2000	4000	7000	10000
Säure P 115 0,0025 gd-mol.	20°	0,37 (154)	0,30 (125)	0,24 (100)	0,21 (87)
	60°	0,475 (148)	0,375 (117)	0,32 (100)	0,295 (92)
Säure P 115 0,05 gd-mol.	20°	1,76 (124)	1,56 (110)	1,42 (100)	1,30 (92)
	40°		1,77 (110) (1,13)	1,61 (100) (1,13)	1,52 (96) (1,17)
	60°		1,94 (108) (1,24)	1,80 (100) (1,27)	1,68 (94) (1,29)
Säure P 115 0,1 gd-mol.	20°	3,03 (118)	2,82 (110)	2,56 (100)	
	40°	3,21 (117) (1,06)	2,98 (109) (1,06)	2,74 (100) (1,07)	
	60°	3,59 (120) (1,16)	3,18 (109) (1,13)	2,92 (100) (1,14)	
Na-Salz P 115 0,01 gd-mol. 100 Na%	20°	3,0 (167)	2,3 (128)	1,8 (100)	1,57 (87)
	40°	3,4 (165) (1,13)	2,6 (126) (1,13)	2,06 (100) (1,15)	1,82 (89) (1,16)
	60°	3,5 (152) (1,17)	2,77 (120) (1,20)	2,31 (100) (1,28)	1,98 (86) (1,26)

Tabelle 266.

Lösung	Temperatur	Spezifische Viscositäten für ein Gf. von		
		1000	1500	2500
Säure P 90 0,5 gd-mol.	20°	8,7 (101)	8,6 (100)	8,48 (99)
	40°	9,42 (100) (1,08)	9,4 (100) (1,09)	9,3 (99) (1,10)
	60°	10,45 (101) (1,20)	10,32 (100) (1,20)	10,15 (99) (1,20)
Na-Salz P 90 0,05 gd-mol. 100% Na	20°	12,55 (112)	11,25 (100)	10,1 (90)
	40°	13,3 (108) (1,06)	12,3 (100) (1,09)	10,9 (89) (1,08)
	60°	13,1 (107) (1,04)	12,2 (100) (1,09)	11,25 (92) (1,11)

Tabelle 267.

Lösung	Temperatur	Spezifische Viscositäten für ein Geschwindigkeitsgefälle von			
		2500	4000	7000	10000
Säure P 90 0,5 gd-mol...	20°	1,81 (108)	1,76 (105)	1,68 (100)	1,61 (96)
	40°		1,83 (106)	1,72 (100)	1,68 (98)
			(1,04)	(1,02)	(1,05)
	60°		1,92 (104)	1,85 (100)	1,8 (97)
			(1,09)	(1,10)	(1,12)
Na-Salz P 90 0,05 gd-mol. 100% Na	20°	2,23 (146)	1,9 (124)	1,53 (100)	1,34 (88)
	40°	2,47 (143)	2,12 (123)	1,73 (100)	1,54 (89)
		(1,11)	(1,12)	(1,13)	(1,15)
	60°		2,24 (121)	1,86 (100)	1,69 (91)
			(1,18)	(1,22)	(1,26)

Die Viscositätsänderungen der untersuchten Lösungen mit wechselnder Temperatur sind streng reversibel. Die Viscosität der bei 60° gemessenen Lösungen ist nach dem Abkühlen auf 20° wieder genau die gleiche wie vor dem Erhitzen, was stets geprüft wurde.

Eine Zusammenstellung der Viscositätsmessungen im UBBELOHDEschen Viscosimeter, die an den Eukolloiden ausgeführt worden sind, finden sich in den Tabellen 262 bis 267.

MIX
Papier aus verantwortungsvollen Quellen
Paper from responsible sources
FSC® C105338

If you have any concerns about our products,
you can contact us on
ProductSafety@springernature.com

In case Publisher is established outside the EU,
the EU authorized representative is:
**Springer Nature Customer Service Center GmbH
Europaplatz 3, 69115 Heidelberg, Germany**

Printed by Libri Plureos GmbH
in Hamburg, Germany